尽 善 尽   弗 求 弗 迪

Memory,

遗忘的机器

记忆、感知与“詹妮弗 · 安妮斯顿神经元”

Perception,

and the “Jennifer

Aniston Neuron”

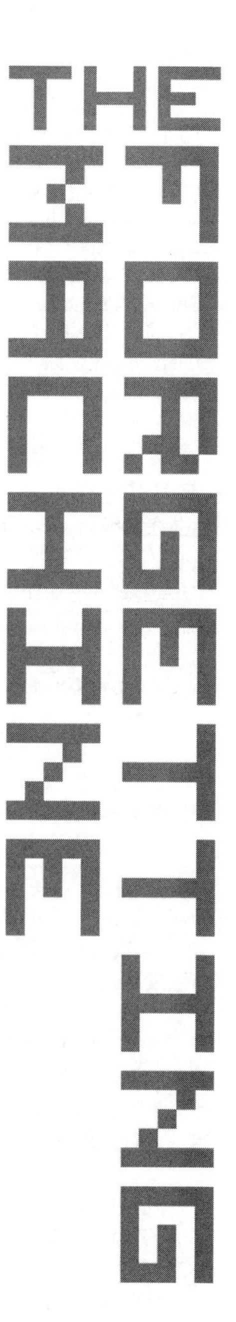

[阿根廷] 罗德里戈 · 奎安 · 基罗加（Rodrigo Quian Quiroga）—— 著

曹立宏　邓雅菱 —— 译

電子工業出版社

Publishing House of Electronics Industry

北京 · BEIJING

图书在版编目（CIP）数据

遗忘的机器：记忆、感知与“詹妮弗·安妮斯顿神经元”/（阿）罗德里戈·奎安·基罗加著；曹立宏，邓雅菱译. —北京：电子工业出版社，2020. 10

书名原文：The Forgetting Machine: Memory, Perception, and the "Jennifer Aniston Neuron"

ISBN 978-7-121-39399-0

Ⅰ. ①遗… Ⅱ. ①罗… ②曹… ③邓… Ⅲ. ①神经科学－研究 Ⅳ. ①Q189

中国版本图书馆CIP数据核字（2020）第155506号

责任编辑：杨　雯
印　　刷：三河市兴达印务有限公司
装　　订：三河市兴达印务有限公司
出版发行：电子工业出版社
　　　　　北京市海淀区万寿路173信箱　邮编　100036
开　　本：880×1230　1/32　印张：6.625　字数：117千字
版　　次：2020 年 10 月第 1 版
印　　次：2020 年 10 月第 1 次印刷
定　　价：55.00元

凡所购买电子工业出版社图书有缺损问题，请向购买书店调换。若书店售缺，请与本社发行部联系，联系及邮购电话：（010）88254888，88258888。

质量投诉请发邮件至zlts@phei.com.cn，盗版侵权举报请发邮件至dbqq@phei.com.cn。

本书咨询联系方式：（010）57565890，meidipub@phei.com.cn。

对本书的赞誉

“奎安·基罗加是脑科学领域一位富有想象力的先驱，结合了人类思维的最新知识、令人钦佩的文化素养和有吸引力的演讲风格。如果你想在人类的感知和记忆之谜中完成一个有趣而令人难忘的旅程，那么本书就是进入的大门。”

——杜达伊（Yadin Dudai），魏兹曼科学学会与纽约大学教授

“奎安·基罗加是杰出的计算神经科学家之一，他非常知道如何将复杂抽象的概念带给大众。这本引人入胜且内容丰富的书，以优雅的散文体解释了当前对记忆是如何在大脑中进行编码的理解，反映了奎安·基罗加在哲学、艺术和核心科学方面的造诣。”

——艾莉森·阿伯特（Alison Abbott），《自然》（*Nature*）杂志

“作者是著名的脑科学家，他带领读者进行了一次激动人心的视觉和记忆旋风之旅。他带给我的信息是，我们的大脑并不会如实地记录构成一个场景的任何像素，除了生活事件中的一小部分事情，很多事情我们都回忆不起来。我们所做的、看到的和记住的大多数事情都是被筛选过的、被解释的和被推断出来的。”

——克里斯托夫·科赫（Christof Koch），阿伦脑科学研究所首席科学家和所长

“奎安·基罗加向读者强调了脑科学乃至整个科学界的巨大挑战之一：了解人类记忆的神秘性。同时，他也为我们回忆的基础提供了精妙易懂的入门知识。他通过对亚里士多德、柏拉图和博尔赫斯的见解的引申，带领读者从对基本感觉知觉的解释到对大脑如何处理抽象概念的理解。 在数 TB 的拇指驱动器时代，作者反复强调，记忆的蓬勃发展是人类独有的特征。将人脑类比为数字记录设备是大错特错的。人类记忆通过不断从原始信息中提取含义的能力，将自己与单纯的数字存储设备区分开来。”

——盖瑞·斯蒂克斯（Gary Stix），《科学美国人》（*Scientific American*）资深编辑

译者序

概念无疑是人类智能的一大要素和特征。但概念在大脑中是如何表征的？其他动物是否拥有概念？这样的问题在历史上争论了很久。直到 2005 年，科学家才首次在人类大脑中发现了明显具有表征概念特征的神经细胞，当时被称为詹妮弗·安妮斯顿神经元，因为这种神经元对于女演员安妮斯顿这个概念有着明显的偏好。这些能表征某个概念，而不仅仅是概念的某个方面（如人脸）的细胞被称为概念细胞。很多媒体对此进行封面报道。概念细胞的主要发现者便是本书的作者——基罗加教授。

2018 年冬，基罗加教授受黄铁军教授的邀请在北京大学做了一个有关概念细胞方面的报告。会后，我陪同他和他的博士后刘健博士在勺园一起吃午餐。席间他赠送了我他写的这本英文书，我们聊了很多方面的问题。我最好奇的问题是：概念是如何形成的？猴子是否也会有概念？他比较坚定地认为概念是人类特有的，其原因很可能在于人类独一无二的语言系统。这个观点在本书的最后也有提及。他的这番话，促使我开始关注语言的起源和机制问题，我也越来越认同他的这个观点。

书的名称《遗忘的机器：记忆、感知与“詹妮弗·安妮斯顿神经元”》似乎有些负面。但从遗忘的角度讨论记忆和智能可以带来不一样的视角和认识，弥补人们的一些所谓常识（实际上是误解）。人的一辈子，虽然可以经历很多，但能记住、记准确的其实很少。伴随着时代的发展，人们需要记忆的内容也有所不同。智能和记忆并没有绝对的正相关性。书中介绍了位点记忆方法，在很多记忆培训班上也被称为宫殿记忆法，但基罗加教授在如何用好记忆，避免滥用记忆方面做了更为深刻的探讨和建议。他自己原来是学物理的，更重视在理解的基础上进行记忆，反对死记硬背。从书中不难感受到基罗加教授不但是一流的科学家，而且还十分注重教育与学习方法的科学性。

我是从事人工智能（AI）方面研究的，比较关注类脑智能的研究。近年来，基于深度学习的AI技术可以说取得了巨大的进展。但是，和人类智能相比，AI技术还相差甚远，面临着一些严峻的挑战（如完全自动驾驶）。不难发现，目前AI所依赖的方法和大脑的工作原理还不够相似，尤其在记忆方面差别很大。没有记忆当然不会形成概念。没有类似大脑的记忆能否形成概念呢？虽然我们不能排除这样的可能性，但通过对大脑记忆和概念细胞的深入了解，有可能启发我们找到概念形成这把钥匙，打开通向类脑智能或强人工智能的大门。

鉴于译者水平有限，不当处请读者批评指正。

献给我的父母

雨果（Hugo）和玛丽莎（Marisa）

目　录

Contents

第 1 章　我们如何存储记忆 / 001

我们将讨论记忆的重要性、神经元的活动及其连接、大脑中记忆的编码、神经可塑性的机制，以及记忆的存储能力。

第 2 章　我们看到多少 / 019

我们将介绍信息理论，分析传送到大脑的视觉信息的量，讨论眼睛的分辨率、眼球的运动，以及用眼动追踪技术测量它们，还有对艺术的感知。

第 3 章　眼睛真的能看见吗 / 035

我们将描述视网膜中的信息处理、感觉和知觉之间的区别、无意识推理的作用、成年后恢复视力的盲人案例，以及知觉和记忆之间的关系。

第 4 章　我们记住多少 / 051

我们将讨论遗忘的优点、艾宾浩斯原则、记忆的主观性和浮动性、目击者的可靠性、我们记忆的信息量，以及人类和计算机记忆的区别。

第 5 章 我们能记住更多吗 / 073

我们将描述位点记忆的方法、记忆在历史上和当代的重要性、中世纪后记忆艺术的复兴、不能忘记的人的例子，以及相关的“记忆天才”。

第 6 章 我们能变得更聪明吗 / 091

我们将讨论我们使用了多少大脑、训练我们记忆的价值（如果有的话）、数码设备和互联网及我们现在所面临的信息爆炸带来的影响、记忆和理解之间的差异，以及教育系统中创造力和记忆的（误导性）使用。

第 7 章 记忆的类型 / 109

我们将介绍记忆的不同分类、多存储记忆模型、H.M.的案例及陈述性和程序性记忆之间的区别。

第 8 章 大脑如何表征概念 / 119

我们将讨论人类的视觉感知通路和单个神经元的记录、“詹妮弗·安妮斯顿（Jennifer Aniston）神经元”的发现，以及这些神经元在记忆形成中的关键作用。

第 9 章 机器人能有感觉吗 / 137

我们将讨论机器意识、心智和大脑的区别、哲学僵尸、机器的思考能力、动物的记忆和意识，以及我们与其他动物、机器人或计算机的区别。

注　释 / 161

致　谢 / 195

第 1 章

我们如何存储记忆

我们将讨论记忆的重要性、神经元的活动及其连接、大脑中记忆的编码、神经可塑性的机制，以及记忆的存储能力。

> 暴雨中，一场追击在洛杉矶一座废弃建筑的屋顶上结束。机器人猎手瑞克·德卡德［哈里森·福特（Harrison Ford）饰］试图从一个叫罗伊·巴蒂的手中摆脱自己的命运，但几乎无法后退半步。罗伊·巴蒂是一个Nexus-6人形机器人和复制人的领导者。几秒钟前，巴蒂把倒下的德卡德（他的敌人）拖到了安全的地方，现在他站在德卡德身边，而德卡德抬起头看着他，眼神中充满了困惑、害怕与挑衅。这位复制人看到被击败的德卡德仍然在为生命而战，在将死之际（一个由他的制造商预定的死亡时间），他把一只鸽子捧在双手之间，坐在德卡德面前，说：
>
> “我见过你们不相信的事。攻击猎户座边缘着火的船只，我看着C光在坦纳豪斯门的黑暗中闪烁。所有这些瞬间都会随着时间流逝，就像雨中的泪水。是时候死了……”

我以《银翼杀手》（*Blade Runner*）[1]的最后一个场景开始这本书，因为罗伊·巴蒂的话完美地说明了记忆是如何与“我们是谁”的问题联系在一起的：是什么意味着人类，又是什么构成了我们的身份。罗伊·巴蒂的记忆确实使他区别于其他复制人。正是这些记忆让他觉得自己是一个人（尽管他不是真的人），并且证明他渴望坚持和延长他短暂的生命。或许他只是个机器人，但巴蒂的悲叹是让我们所有人都感到熟悉的。我们好奇，当我们死亡时，当大脑死亡时，构成我们自己的所有记忆是否虽然感觉持久，但实际短暂，就像眼泪在雨中消失那样。

《大英百科全书》（*Encyclopaedia Britannica*）将记忆定义为“人类心智中对过去经历的编码、存储和提取”。就这样的定义而言，《大英百科全书》给出的这个定义有点狭隘，只提供了问题范围的一小部分；但同时，这些干货词汇却很有意思，因为它们提出了无数个问题。例如，这个定义用到“人类心智”这样的词。《银翼杀手》本身就是一部科幻作品，它是根据另一部科幻作品——菲利普·K. 迪克（Philip K. Dick）的《机器人会梦见电子羊吗？》（*Do Androids Dream of Electric Sheep*？）改编而来的。在这个作品中，主人公曾说过：“电子的东西也有生命，尽管这些生命微不足道。”但它们真的有生命吗？除了虚构的罗伊·巴蒂，是否有一天机器人能像我们一样拥有内在的生命和记忆？其他动物呢，或者电脑呢？记忆能让它们意识到自己的存在吗？如果能的话，我们怎么获知？当我们深入研究《大英百科全书》的定义时，我们也可以问：心智是什么？它只是一个工作的大脑吗？仅仅是几十亿个神经元的活动，还是蕴含着更多的东西？如果是前者，那么这些神经元是如何存储和提取如此多关于我们生活的信息的呢？

当我们提出这些问题时，记忆正起着主导作用。它不仅为我们的思考能力提供基础，还决定了我们所经历的内容，以及我们如何在未来几年里保存这些经验。记忆造就了我们。如果我失去听觉能力，开始使用人工耳蜗，无疑我还是同一个人；如果我患有心力衰竭，依靠人造心脏，我也还是我自己；又如果我在一次事故中失去了一条手臂，换上了仿生肢体，本质上我还是我。以此为论据得出结论：只要我的心智和记忆完好无损，无论我身体的哪个部位（除了大脑）被替换，我将继续是我自己[2]。但是，当一个人患上阿尔茨海默症，他的记忆被抹去了，人们则常说他“不再是他自己了”，或者说好像那个人“不在了”，尽管他的身体保持不变。因此，我们看到记忆对于决定我们是谁、是什么造就了我们的重要性，并且将我们与其他动物、机器人或计算机区分开来。

科学是从问题中产生的。这些问题滋养和激励着科学家，推动他们对答案的执着追求。科学也是探索本身，而不仅仅是探索的终点。对于一位科学家来说，最终的答案并不比引发一连串问题的体验和推动他们探索的狂热更重要。如果最终的答案是最重要的，那么科学将极其令人沮丧，因为事实是，许多问题将仍然没有答案，或许永远也没有答案。在过去的几十年里，神经科学的进步远远超过了人类历史上所有的进步，然而许多最深刻的疑问，也许是那些最吸引我们的疑问，仍然在那里并向我们招手。更有趣的是，这些问题超越了科学的范畴。当我们试图理解神经元的活动如何编码我们对经验的记忆时，我们不可避免地被引导去思考自我意识，思考那些让我们感觉自己是一个人的事情。当我们思考精神和物质之间的区别时，我们发现自己在讨论柏拉图（Plato）、亚里士多德（Aristotle）、笛卡儿（Descartes）和许多其他人所考虑的话题，这些话题被21世纪的哲学家们无休止地重温，并且在文学作品中反复出现，涉及从伦理和宗教到教育，以及我们与技术的关系。它们不仅是人工智能和神经科学会议讨论的话题，也是科幻电影的题材。

如果我只能从这本书中选择一条信息来传达，那就是问题的宏大性，探索我们记忆的运作方式并试图理解我们的大脑是如何取得如此重大成就的，比如从《银翼杀手》最后一幕、贝多芬交响曲的某段小节，或者我们童年的某个短暂瞬间重建细节。

许多人认为大脑就像一个黑匣子——一个复杂而神秘的器官，它既能产生心智，又能产生思想，还能够珍藏记忆，并且这些记忆可以在需要时提取到意识中。这对一些人来说已经足够了，但对其他人（其中包括神经科学家）来说，这个谜团不是结束而是开始。就像一个听收音机的孩子，必须取出螺丝看看里面是什么，一旦收音机的内部被曝光，转动它的表盘并按下它的按钮，看看它们在做什么，这样最初的问题就会引出更多的问题，并且不可避免地认识到我们几乎什么都不懂。

不过，说到大脑，有些事情我们确实已经了解了。所以让我们从基础知识——神经元开始。就像晶体管是电子电路的基础一样，神经元是大脑功能的基础，它们按组排列，在网络中相互连接，通过它们的活动产生我们看、听、感觉和记忆的能力。但是神经元是如何产生大脑不同功能的呢？它们的活动是如何让我们具有书写、跑步或意识到我们存在的能力的？神经科学家们每天都在问自己这些问题以及它们的各种细微差别和各个方面，尽管我们到目前为止还不能完全回答这些问题，但已经有一些我们可以依赖的基本原则，而这些原则也相对容易掌握。

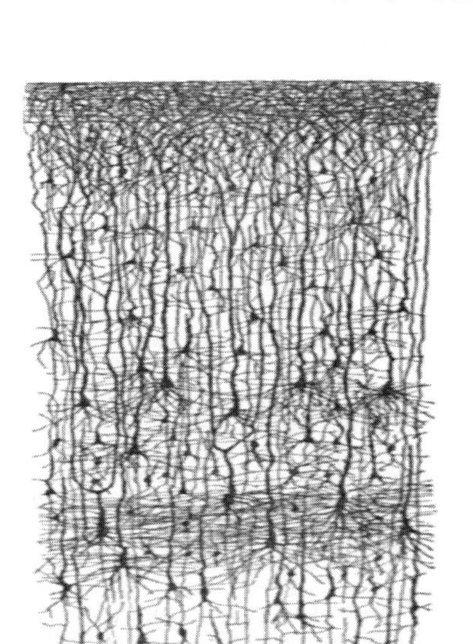

图 1.1　神经元网络

图片改编自圣地亚哥·拉蒙·卡哈尔（Santiago Ramóny Cajal）的原图。

神经元基本上有两种状态：它们要么处于静息，要么产生我们所称的动作电位（action potential），即活动或放电[3]。就像晶体管将电流传输到电路的其他部分一样，神经元将其放电活动传递给其他神经元［通过轴突（axon）］，并接收其他神经元的放电［通过树突（dendrite）］（见图1.1）。但与电子电路的类比仅此而已，因为神经元之间的连接不是电的而是化学的。当被激活时，神经元在轴突的末端（terminal）产生放电，释放出一种叫作神经递质（neurotransmitter）的化合物。通过一个叫作突触（synapse）的结构，这些神经递质被其他神经元树突上的受体接收，进而在其中产生小的放电（见图1.2）。许多药物的工作原理就是依赖这种化学传递的：止痛药、镇静剂和致幻剂只会改变大脑中神经递质的平衡和神经元接收与传递信息的能力。这也是理解某些认知过程的关键，例如，奖赏的机制就是神经递质多巴胺的释放。更重要的是，像谷氨酸这样的神经递质在增强或减弱神经元之间的连接方面发挥着重要作用，而这正是记忆形成的方式。

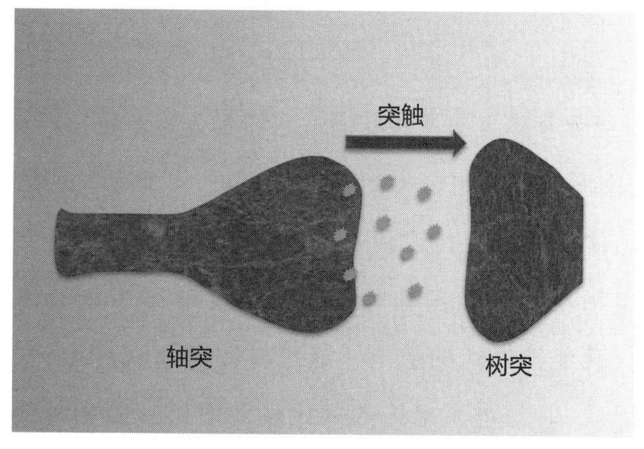

图 1.2 突触

神经元的放电通过一个叫突触的结构释放神经递质（从轴突末端到与之相连的神经元的树突）。

一个神经元什么时候会放电呢？答案是当它从其他神经元接收到刺激并超过某个阈值时。这一机制产生了多种放电模式，取决于神经元之间的连接和其他因素。例如，一个给定的神经元N，可能由连接它的神经元放电而被激发，然后将这种激活传递给其他几个神经元。后一个神经元中的某一个可能将放电信号传回神经元N，促使其再次被激发。事实上，激活模式还取决于所涉及的神经元类型，这进一步增加了神经元网络潜在行为的多样性。兴奋性神经元（excitatory neuron）释放多巴胺和谷氨酸等神经递质，这些递质（通常）会激发神经元活动，而抑制性神经元（inhibitory neuron）则释放γ-氨基丁酸等神经递质，这些递质会抑制神经元的活动。

在神经科学家中，有很多物理学家（我自己也是其中之一），他们在科学生涯的某个时刻决定冒险——全身心地投入对大脑的研究中。研究神经元和神经网络的活动，以及这些活动如何产生不同的放电模式和复制皮层功能，是许多从物理学家转变而来的神经科学家最热衷的追求之一，从而也成为被称为计算神经科学（computational neuroscience）这个领域的实践者。

该领域的先驱之一是普林斯顿大学的美国物理学家约翰·霍普菲尔德（John Hopfield），他描述了我们现在所称的霍普菲尔德网络（Hopfield networks）[4]。原则上，霍普菲尔德网络提供了一个模型，来描述一个神经网络的混沌活动如何将自身组织成一些稳定的状态来代表不同的记忆。让我们想象一个由相互连接的神经元组成的网络，每个神经元要么放电，要么静息。记忆A对应网络的特定配置，例如，静息、放电、放电、静息、静息……（或者，用二进制语言表示为0,1,1,0,0…）；记忆B对应不同的配置，例如，静息、静息、放电、放电、放电……（0,0,1,1,1…）等（见图1.3）。

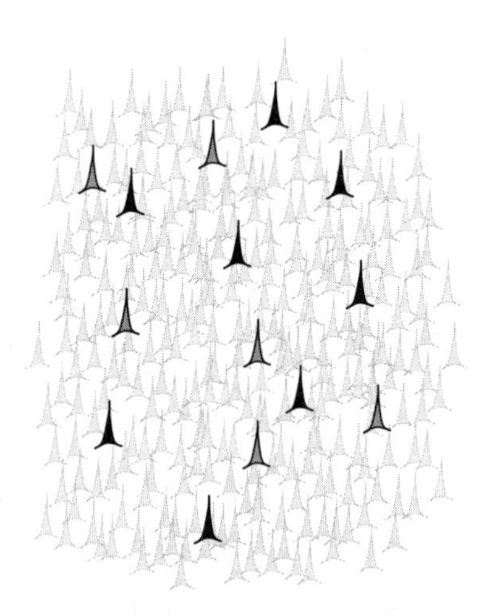

图 1.3　两个不同记忆的神经表征

记忆 A 用亮灰色的神经元表示，记忆 B 用亮黑色的神经元表示。

给定一个初始状态，这个网络会收敛到最接近的记忆。例如，配置1,1,1,0,0…相比记忆B更接近记忆A，因此网络会一直演化，直到达到记忆A的模式；另一方面，配置0,0,1,1,0…类似于记忆B，因此网络也会收敛到该结果。霍普菲尔德网络从给定的初始配置开始，收敛到最接近的记忆，这是通过从物理中引入的方法而展开的过程。撇开细节不谈，如图1.4所示，一般的想法是从网络的配置来看，我们可以定义一个总的网络能量，并创建一个能量地图——地图中的每个点对应一个不同的配置，将记忆赋给由神经元连接模式决定的能量处于最小值时的配置。然后，从初始配置开始，网络作为一个球向下发展，逐渐减少其能量（在每一步都改变配置），直到达到与最近的记忆相对应的最小值。最初的配置为这个场景的演化提供了起点，这可能是自发变化的结果，就像我们从一个看似空无一物的记忆中提取信息时，或者被某个特定刺激激活记忆，例如，在观看《银翼杀手》时看着里克·德卡德的脸。德卡德的图像激活了一组特定的神经元，这些神经元依次激活其他神经元，并不断地传递激活，直到我们提取出一个与我们对他的记忆相似的表象。由于我们对德卡德的意象在不断变化（直立的、侧面的、刮胡子的、穿不同衣服的……），最初的表征与我们储存在记忆中的并不完全相同，但是，只要它相似，我们大脑中的神经网络就会演化，直到它达到一个与我们对机器人猎手里克·德卡德的记忆相对应的配置。例如，有时我们可能很难认出一个熟人，因为他改变了发型，或者长时间蓄须后突然刮掉了胡子，又或者仅仅因为好多年没见了。这种识别一个人难度的增加，是因为看到这个人所产生的激活模式（也就是前面提及的配置。——译者注）与我们过去在记忆中存储的这个人的激活模式不同所致的。

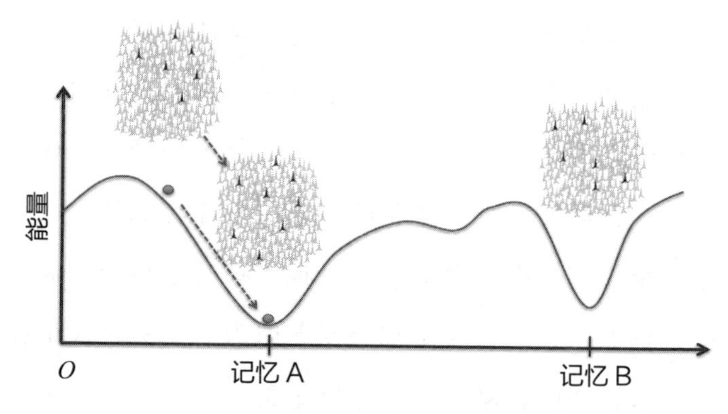

图 1.4　霍普菲尔德网络的演化

从一个初始状态开始（左），这个网络通过减少其能量发生演化，逐渐改变其激活模式，直到与最接近的记忆吻合（这里是记忆 A）。

霍普菲尔德模型为我们提供了一个大脑存储记忆的可能机制，那就是神经激活模式。《大英百科全书》的定义把记忆描述为一种行为过程，而现在我们也可以把它看作神经元生理活动的产物。换句话说，我们在心理学和神经科学之间架起了一座桥梁，并且已经开始窥视这个黑匣子。

我们看到霍普菲尔德模型根据网络的连接变化来分配记忆。但是大脑如何改变神经元之间的连接呢？简言之，每个神经元与大约10 000个神经元相连，但并非所有这些连接都是激活的。有些连接是不断增强的，像一条交通繁忙的高速公路，在两地之间提供了便捷的连接，而另一些则像一条荒芜的、坑坑洼洼的街道，原则上可以连接两地，但实际上不能。就像一条未被使用的道路最终会变得杂草丛生、无法通行一样，很少被利用的神经连接也可能消失。采用我们交通的类比，改变神经网络的连接就好像封锁一些街道，将汽车改驶向其他街道，增加这些街道的交通量。这些连接的变化最终会导致这些神经元编码的信息发生变化。这就是所谓的神经可塑性（neural plasticity），它是大脑用来产生和存储特定记忆的关键机制。

认为记忆与神经连接有关的观点可以追溯到19世纪的圣地亚哥·拉蒙·卡哈尔[5]，但对这一假说最重要的贡献是唐纳德·赫布（Donald Hebb）在1949年的一本书中提出的，这本书成为神经科学的经典著作之一[6]。赫布假设，神经元的共同激活增强了它们之间的联系，这一现象通常被归纳为一个著名的短句——一起激活，一起连接。（Fire together, wire together.）这并非是一个牵强的概念：如果两个神经元倾向于同时被激活，很可能是因为它们编码相似的信息，那么它们的连接就是有道理的，并且它们的连接会得到增强。类似地，在不同时间被激活的神经元之间的连接就会被减弱。这一过程导致了赫布细胞群（Hebbian cell assemblies）的形成，即表征不同记忆的相互连接的神经元群。赫布的理论得到了提姆·布里斯（Tim Bliss）和泰耶·洛默（Terje Lømo）的实验验证，他们观察到神经元的共同激活对增强它们的突触连接有持久的作用[7]。这种神经元之间连接的增强，称为长时程增强（Long-term Potentiation，LTP），在反复刺激下可持续数周甚至数月，为记忆的形成和存储机制提供了明确的实验证据。证实了这一点之后，大量实验表明，阻断这种LTP机制（通过各种药理化合物）可以抑制记忆的形成[8]。

至此，我们似乎已经对我们的一个问题做出了一般性的回答。霍普菲尔德网络提供的模型，以及神经可塑性的概念，让我们了解了神经元群的激活如何编码记忆。然而，和往常一样，这个答案会引发更多的问题。尤其是，大脑这个仅仅有3磅（1磅=0.454千克）重的物质，怎么能存储如此多有丰富细节的记忆呢？或者，更明确地说，我们有足够多的神经元来承载这样的壮举吗？

人类大脑大约有1 000亿个神经元，即10^{11}，1后面有11个零[9]。比较一下，银河系中有2 000亿～4 000亿个恒星，与大脑中的神经元数量是相同数量级的。为了让你知道这是多少，你可以把你的每个神经元想象成一粒沙子，它们可以装满一辆货车了[10]。另一种思考神经元数量的方法是，根据它们的密度。大脑皮层中每立方毫米约有50 000个神经元，这意味着大约50 000个神经元可以放在一根大头针的头部。当每个神经元连接到另10 000个神经元时，将使连接的数量变为$10\ 000 \times 10^{11}$，即10^{15}，大约等于100米长的海滩上的沙粒数量。

考虑到这些，大脑似乎应该不难存储我们所有的记忆。然而，我们面临两个问题。首先，并不是所有的神经元都被用于存储记忆的。事实上，具有记忆功能的神经元可能只占很小的一部分，因为相当多的神经元还必须用于视觉和听觉、运动控制、决策和情感等。其次，理论计算表明，对于给定数量的神经元，由于干扰效应的存在，能存储的记忆数量是有限的。简单地讲，如果有太多的记忆，它们就会开始相互混淆。计算估计，给定N个神经元，像霍普菲尔德这样的模型在不受干扰的情况下大约可以存储0.14N个记忆[12]。因此，如果我们假设，大脑1 000亿个神经元中有1%参与记忆的编码[13]，那么可以存储的记忆总数大约只有这个数字的14%，这给了我们总共大约1亿个记忆。当然，我们必须对这些估计持保留态度，因为用于记忆存储的神经元比例可能低于1%，或者大脑可能不会按照霍普菲尔德提出的方式存储记忆，而是使用一些效率较低的系统，在这种情况下，我们的记忆容量将进一步降低。但即使我们能存储的记忆数量减少了1～2个数量级（大约100万），这个数字似乎仍然足够大。

上述论点的局限性在于，在理解大脑如何使用霍普菲尔德网络对单个抽象实体（如记忆A、记忆B等）进行编码时，以及理解它存储记忆（如罗伊·巴蒂面对德卡德时的回忆，或我们关于和朋友聚会时的很多细微差别和具体细节）的机制时，存在着一个巨大的鸿沟。换言之，我们相信我们会把过去当作一部可以通过记忆重温的电影。但大脑是如何将这些“电影”存储得如此详细的呢？我们如何从存储特定概念（记忆A、记忆B）的机制推断到大脑做一些更复杂的事情的过程，比如重建生活经验？而且，即使是具体的概念也有无数的形式和细微差别。我母亲穿着红色的晚礼服，和我母亲在厨房里围着围裙，或者在露台上穿着黄色的T恤大不相同。我们已经看到霍普菲尔德网络如何帮助我们将其中任何一个与“我母亲”的记忆相匹配，但这些细微差别中的许多也以记忆的形式存储在我们的记忆中。每个记忆都展现在许多其他的记忆中，就像我母亲在露台上穿着黄色的T恤可能是在揉意大利面、喝咖啡或烤肉。这就是所谓的组合爆炸（combinatorial explosion）：每个概念都会产生多个更具体的概念，每个概念又细分为许多其他概念，以此类推。

那我们怎么做呢？我们如何存储所有这些信息？令人惊讶的答案是，我们基本上没有存储这些信息，我们几乎什么都不记得了。我们记得很多我们经历的微妙之处和细节，就好像我们在回放一部电影，这种想法不过是一种幻觉，这也是大脑的一部分。这也许是记忆研究中最大的秘密：令人震惊的事实是，大脑从很少的信息开始，产生一个现实和一个过去，使我们成为我们自己，尽管这个过去、这些记忆的集合是非常不稳定的；尽管仅仅把记忆带到我们的意识中就不可避免地改变了它；尽管事实上，那些让我成为我的位于意识之下的独特的、不变的“自我”本身也在不断变化。这正是下面几章的主题，但在深入研究我们的记忆有多少细节之前，我们首先要分析来自外部世界的信息有多少，尤其是我们感知到的视觉信息有多少。

第 2 章
我们看到多少

我们将介绍信息理论，分析传送到大脑的视觉信息的量，讨论眼睛的分辨率、眼球的运动，以及用眼动追踪技术测量它们，还有对艺术的感知。

美国宾夕法尼亚大学的研究者们提出了以下问题：我们眼睛收集到的信息有多少被传送到大脑？为了找到答案，他们使用了豚鼠作为研究对象，向豚鼠展示自然场景的视频——这种场景是眼睛通常处理的视觉信息[1]，并记录它们视网膜神经元的活动。

为了解释这个实验的结果，我们必须首先定义什么是信息，并且了解如何通过记录神经元的放电来测量它。例如，让我们想象一下，我们的实验对象观看的视频在任何时候都包含以下两个可能的对象之一：一张脸或一株植物。从数学上讲，我们可以用一个二进制数字[2]或比特（bit）来表示给定时刻的视频内容：0表示看的是脸，1表示看的是植物。现在想象一下，视频包含4个可能的对象之一：脸、植物、动物或房子。在这种情况下，表示可能选项的数目就需要两个比特，或者换句话说，两个二进制数：例如，00代表房子，01代表动物，10代表植物，11代表脸[3]。如果一个神经元对4个不同对象有不同强度的响应，那么根据它的激发情况，我们就可以辨别出视频中呈现的对象，并且可以说神经元提供了两个比特的信息，这是在给定时刻可以从视频中提取的信息。如果神经元以同样的强度响应两个对象，比如脸和动物，而对房子和植物有第二种不同的响应强度，那么根据它的响应情况，我们可以将物体的同一性缩小到两个组别，也就是说，在这种情况下，神经元提供的信息只有一个比特——是原来的两个比特信息的一半。这些原则以及我们利用它们能够进行的计算在神经科学中得到了广泛的应用，并且构成了所谓的信息理论（information theory），这是20世纪中叶由克劳德·香农（Claude Shannon）发展起来的一门研究信息编码和传输的学科[4]。

信息理论支撑着从互联网到细胞技术的一切，如今，用比特来测量信息的想法已经司空见惯。一组8个比特，或者1个字节（byte）——最初表示编码256个ASCII码字符所需的位的数量——是我们测量硬盘存储容量的单位，一些最常用的测量值是千字节（1KB=1 000字节）、兆字节（1MB=100万字节）、千兆字节（1GB=10亿字节）和兆兆字节（1TB=10 000亿字节）。计算机显示器或数字图像的颜色分辨率，专业上称为“颜色深度”，也用比特表示。如果显示器只使用一种颜色显示一个像素（就像《黑客帝国》（*The Matrix*）中使用的那种老式绿磷监视器），那么它的颜色分辨率显然就是每像素1比特。黑白显示器每个像素使用8比特（或1个字节），对应256种灰度；而彩色显示器每个像素可以有24比特（或3个字节），每种原色（红色、绿色和蓝色）1个字节，用于生成调色板的其余颜色[5]。

图2.1显示了4个版本的克劳德·香农的照片，每个版本的分辨率都不同。左上角的照片是一个30×30的像素网格，只有1比特颜色分辨率，信息最少（30×30×1比特=900比特），我们从中几乎看不到轮廓。右上角是一个300×300的像素网格，照片的细节更容易识别。这张照片中的信息是300×300×1比特=90 000比特，即大约10 KB。图2.1下部的每张照片都包含与其正上方照片相同数量的像素，但是每个像素的颜色分辨率变成了8比特。右下角的照片有72万比特信息（300×300×8比特），大约0.1MB，使得香农的脸清晰可辨。

图 2.1　克劳德·香农的照片（左为 900 像素，右为 90 000 像素）

每个像素 1 比特（只有黑白，上图），每个像素 8 比特（256 种灰度，下图）。

在我们的术语已经确定的情况下，让我们回到宾夕法尼亚大学的研究人员所做的实验，以及我们最初的问题：眼睛向大脑传递多少信息？利用信息理论计算神经元传递视频的信息量，研究人员得出结论：平均来说，每个神经节视网膜神经元通过视神经向大脑传递视觉信息，每秒编码6 ~ 13比特信息。考虑到豚鼠视网膜含有大约10万个神经节细胞，并且假设这些神经元每个都独立地编码信息，这意味着豚鼠的大脑每秒接收大约100万比特的信息。最后，考虑到人眼的神经节视网膜神经元数量是豚鼠的10倍，研究者估计人眼以每秒1 000万比特（10 Mbps）的速度向大脑传输信息。这个数字听起来可能很熟悉，因为它是标准以太网连接的传输速度。

让我们再仔细考虑一下这个结果。视觉信息以每秒1兆字节的速度传输到大脑。如果假设我们平均每天清醒16小时，这意味着大脑每天接收的信息总量为57.6GB（3 600秒 × 16小时 × 1 MB）。换句话说，每两个半星期，我们就可以用我们所看到的内容填满一个1兆字节的硬盘。但是眼睛能传递它所接触到的一切吗？

在备受期待的苹果最新产品演示中，史蒂夫·乔布斯（Steve Jobs）介绍了iPhone 4，这是他最后一次以公司CEO的身份做这样的演示。这款手机的主要创新之一是视网膜（retina）显示屏，从iPad到MacBook，它现在是苹果产品的标准配置。乔布斯宣布，视网膜显示屏的分辨率为每英寸326像素（Pixels Per Inch，PPI）（1英寸=2.54厘米），比iPhone 3高4倍，大于300 PPI。根据乔布斯的介绍，这是拿着iPhone距离人眼10 ~ 12英寸（大约25 ~ 30厘米）的标准距离时，人类视网膜能分辨的最大值。换言之，在30厘米外，人眼几乎分辨不出分辨率为300 PPI的渲染图像中的单个像素[6]。如果我站在办公室里距白板30厘米的地方，我的视野（如果我专注于某一点时我能看到的）大约是30英寸 × 20英寸（水平75厘米 × 垂直50厘米）。因此，原则上，我的眼睛在视野中可以感知5 400万像素（即30英寸 × 300 PPI × 20英寸 × 300 PPI = 54 000 000像素），大约是iPhone 4数码相机分辨率的10倍（我说“原则上”是因为这个计算中有一个缺陷——后面会提到）。当然，如果我站在30厘米以外的距离，我的视野会扩大，但这种扩大是增加的视野范围和由视野增加所导致的分辨率降低之间的一种平衡。如前所述，每个像素的颜色可以用3个字节来定义，这意味着5 400万像素需要54MB × 3=162MB的内存。为了获得图像是连续的感觉，一个标准的数码摄像机每秒须捕捉30帧画面。每帧162MB，我的眼睛每秒处理的数据总量为4.8GB。这个数字的确切值无关紧要，重要的是数量级：每秒千兆字节（gigabytes）。宾夕法尼亚大学的研究人员说，记住，眼睛传送到大脑的信息量大约是每秒1兆字节（megabyte）。这意味着，原则上可以通过眼睛传输的信息和到达大脑的信息之间有3个数量级的减少。换言之，大脑“看到”的信息只有其视野中的千分之一。

为什么会有这么大的差别？是我们算错了吗？

上述数字在数学上是正确的，但它们隐含的假设是眼睛在整个视野中以300 PPI的均匀分辨率处理信息。假设视网膜具有统一的分辨率是大家能接受的，例如，现在我可以看到我面前的所有细节，或者，至少我认为我能。但是，能够看到外部世界的细节只不过是一种错觉，它是大脑构建的。我们实际看到的细节位于我们凝视的中心，在一两度的视角内。视网膜中央的一个小凹陷（直径小于2毫米），叫作中央凹（fovea），是我们清晰、敏锐的视觉区域，这个区域大约相当于我们伸展手臂后指甲盖的大小。

这一事实听起来令人惊讶，却很容易得到证实。你只需要伸出双臂，将拇指朝上并紧靠在一起。当你专注于其中一个拇指的指甲，你就几乎看不到另一个指甲的任何细节（如果你对此表示怀疑，请在每个指甲上写几个字母，并试着阅读它们）。此外，如果我们一直盯着第一个拇指，同时把另一条手臂移到旁边几英寸处，我们甚至看不到第二个拇指的细节，更不用说它的指甲了。那么，我们怎么能如此清晰地看到眼前的世界呢？这种错觉产生于这样一个事实：我们的眼睛不断地从一处向另一处跳动，这种无意识的动作称为眼跳（saccade）。

眼跳可以用一种叫作眼动追踪（eye tracking）的技术来记录。一个现代的眼动追踪器包括一个拍摄眼睛的摄像头，并且可以根据瞳孔的位置，精确地确定受试者正在注视的位置。

在图2.2由眼动追踪器所记录的图像中，十字的中心大致对应投射到视网膜中央凹的图像的大小，也正是我们可以敏锐地看到的图像。中央凹的分辨率更高，是因为那里有更高密度的感光细胞。从中央凹大约1.5度视角以外收集到的视觉信息则要弥漫得多。为了给人留下这样的印象，即我们看到的远不止“聚焦”于中央凹内的东西，我们的眼睛每秒大约发生3次眼跳来扫描视野。

这是一个有趣的谜题。为了理解原因，让我们进行一个简单的实验：请闭上眼睛，然后睁开一秒钟，然后再闭上……

图 2.2　眼动追踪器

一套可移动的眼动追踪器由一个安装在一副护目镜上的摄像头组成。根据眼动追踪器获得的瞳孔位置，它可以计算出被试者在看第二个摄像头记录视野场景中的位置信息（图 2.2 下中的十字）。

在一眨眼的瞬间，我们做了3次扫视，这意味着我们只看到了3个小硬币范围的细节。剩下的只是一些模糊的场景，尽管我们觉得好像我们可以清楚地看到我们面前的一切。这是大脑的奇迹之一，也是让我们神经科学家夜不能寐的众多谜团之一。例如，当我们看一张脸的时候，我们认为我们看到了它所有的特征。然而，事实上，我们的眼睛只是停留在几个特定的点上，而大脑"填充"了其余的信息。20世纪60年代，俄罗斯著名心理学家阿尔弗雷德·阿勃丝（Alfred Yarbus）描述了这种效应[8]。如图2.3所示，阿勃丝表明，当我们扫视一张脸时，我们倾向于关注眼睛、鼻子和嘴巴，这些正是一个人外表最显著的特征。

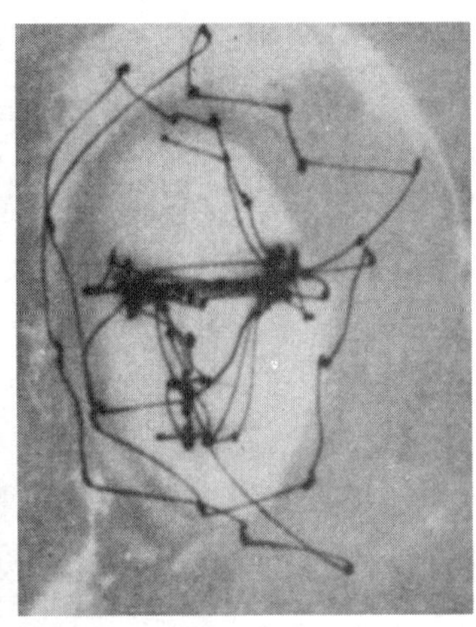

图 2.3 观看画像的眼动轨迹

观看女性面孔（图片来自阿勃丝的书）和梵高（Van Gogh）自画像的眼动轨迹。

阿勃丝还表明，我们所看到的东西在很大程度上受到我们正在执行的任务的影响，包括有意识和无意识的因素，这决定了我们的注意焦点。无意识因素与信息的显著性有关，换句话说，它与周围环境的差异有多大。例如，一个穿橙色T恤的人在一群穿灰色衣服的人中会显得很突出；一辆移动的汽车会比停在街上的汽车更加显眼。另外，当我们扫视一个场景时，意识因素与我们的兴趣有关。如果在一场足球比赛结束后的人群中，我要寻找我的哥哥，他穿着他最喜欢的球队的队服，我的注意力将不会集中在经过的汽车或周围的建筑物上，而是人群，尤其是那些穿着队服的人。如果我和哥哥约好在他的车里或附近的咖啡馆见面，我的目光就会集中在停放的汽车或附近的店面上。

图2.3中所示的眼动模式使我有点离题了。奥赛博物馆的梵高自画像是我最喜欢的艺术家之一的最令人惊叹的画作之一。艺术是非常主观的，可以引起观赏者不同的情感体验[10]。以我为例，就像图2.3中眼动轨迹的主人一样，我禁不住目不转睛地盯着梵高自画像中的眼睛。

为什么艺术对我们有如此大的影响?为什么我们会被一幅画感动得流泪，而不是被同样主题的照片所感动呢?当然，一件艺术品与现实本身就有多方面的区别，但我想详细谈谈与我们在本章讨论的内容相关的一个特定方面。

当我们看一张照片时，整个图像的分辨率是一致的。以300PPI像素渲染的图像，其中心和边缘都具有这种分辨率，尽管中心可能描绘了一个人的特征，而边缘描绘了背景墙的一些无关紧要的细节。当我们看到一张照片时，我们会有意识或无意识地选择看哪里，原则上我们可以用同样的分辨率观察图像的每个区域。另外，在一幅画中，艺术家可能在一个区域画出大量的细节，而在其他区域几乎只画出寥寥几笔，来改变对比度和色彩构成，或者利用画布的纹理来转移注意力的中心。换句话说，艺术家影响了我们视觉探索的自然模式，并且决定了我们应该仔细观察什么，忽略什么。在这样做的过程中，艺术家们主观地加载场景，并且与我们分享他们特定的视觉和情感，这远远超出了标准照片所提供的忠实再现。再说一遍，这只是众多结合在一起为作品注入情感意义的方式之一。为了说明这个题外话，我们来看看马里亚诺·莫利纳（Mariano Molina）的一幅画，他是一位伟大的艺术家[11]，也是我的朋友。在他的《注视中心》（*Center of Gaze*）画作中，马里亚诺设法使观众的眼睛集中在画布上一个特定的地方，如图2.4所示。凝视的中心是绘画聚焦的区域，在那里有最多的细节。这正是大多数注视点会停留的区域，正如我们用眼动追踪器证实的那样。这种注意力的中心在某种程度上吸引了眼球的运动，并且在画布上注入了一种运动感。这是在马里亚诺的大脑中构想出来的动态画面，而这在激发构图灵感的原始照片中是不存在的。

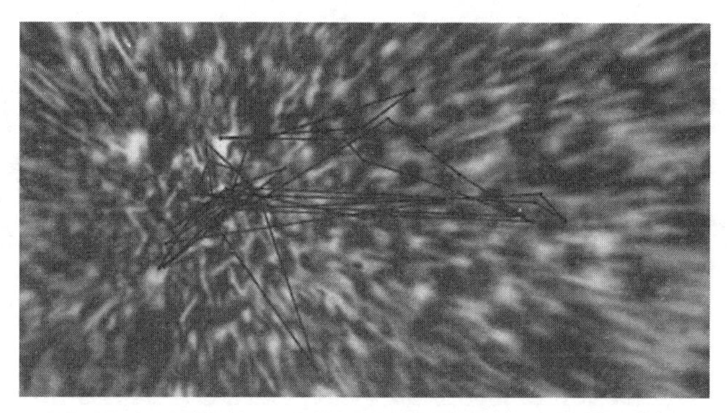

图2.4　被试者观看《注视中心》（作者：马里亚诺·莫利纳，用丙烯酸作画）时的眼动轨迹

现在让我们回到本章的核心主题：我们看到多少？总结一下前面的讨论，我们发现，在我们的视野中呈现的信息与眼睛传递给大脑的信息之间有3个数量级的差异（从千兆字节到兆字节）。然而，一旦我们考虑到我们只仔细观察了位于视野中心中央凹区域的信息，这种差异就消失了。我们有必要继续讨论这些估计，因为它们阐明了大脑

工作的一些基本原理。让我们再来看看史蒂夫·乔布斯在发布iPhone 4时所说的话：眼睛在12英寸远处的分辨率大约是300 PPI。我们现在知道，要计算眼睛从周围环境中接收到的信息量，原则上我们可以忽略其余的视野并专注于中央凹的覆盖区域，在12英寸远的距离时，它相当于一个直径为0.3英寸的圆。因此通过中央凹到达大脑的信息为$\pi \times 0.15^2$（中央凹的面积）$\times 300^2 = 6361$（像素）。我们可以再次将这个数字转换成字节：回忆一下，一个像素有3个字节的颜色信息，假设我们以每秒30帧的速度（标准摄像机也是如此）接收信息，我们发现通过中央凹收集的信息大约是每秒0.5 MB。现在这个数值和宾夕法尼亚大学的研究人员估计的每秒1MB（眼睛传递给大脑的信息量）的大小是同一个数量级的。如果我们考虑到眼睛也从中央凹附近的区域接收信息（尽管分辨率较低），这两个估计值就更接近了。

从上面的内容看，我们在理解大脑处理视觉信息的方式上取得了很大的进步。但是，我们漏掉了一个重要的细节。到目前为止，我们虽然已经描述了视野中像素的编码和传递，但是，正如我们将在下一章中看到的，这与人类视觉的实际工作方式还相去甚远。

第 3 章
眼睛真的能看见吗

我们将描述视网膜中的信息处理、感觉和知觉之间的区别、无意识推理的作用、成年后恢复视力的盲人案例，以及知觉和记忆之间的关系。

与照相机一样，图像通过瞳孔经由晶状体聚焦投射到眼球的后部，这里有我们的视网膜。往后的步骤再与相机做对比就不适合了。

在人类视网膜中，视觉信息最初是由两种光感受器捕获的：视杆细胞和视锥细胞。人的一只眼睛约有1.2亿个视杆细胞，能让我们在黑暗中看到东西。它们对光非常敏感，集中在视网膜的外围，非中央凹的区域。它们不能分辨颜色（这就是我们在黑暗中看不到颜色的原因），在白天不活跃。视锥细胞数量较少，约为600万个，主要位于中央凹。它们对红色、绿色和蓝色很敏感，这使我们能够清楚地看到位于视野中心的颜色。视杆细胞和视锥细胞收集的信息通过双极细胞、水平细胞和无长突神经元传递到视网膜的神经节神经元（它们就是我们在前一章中看到的将视觉信息传递到大脑的数百万个细胞）。那么，为什么我们会有这么多不同种类的神经元呢?为什么我们有12 600万个感光细胞，而它们收集的信息仅仅流入100万个视网膜神经节细胞呢？此外，正如我们刚刚了解到的，中央凹上的图像分辨率约为6 000像素，而我们有600万个视锥细胞来解决如此微量的信息，这似乎很荒谬。

答案是，视网膜并不是以简单地重构图像像素的形式来处理或传输视觉信息的。相反，它传递的是能够形成图像表征（representation）的信息，这样的表征是由大脑生成的，而不是眼球。听起来很奇怪的一个事实是：眼睛是看不见的，而大脑可以。那么，为什么视网膜上有这么多神经元呢？因为视网膜的初始加工可以使我们从所见中提取意义。

20世纪50年代，史蒂芬·库弗勒（Stephen Kuffler）发现了视网膜处理视觉信息的一个基本原理。通过给猫呈现光束，并且记录其神经节细胞的活动，库弗勒发现了这样一群神经元（称为On-center），这群神经元对位于猫的视野中的光束刺激会快速放电，但是对位于“感受野”外围的刺激，其响应就受到抑制。其他神经节神经元（称为Off-center）则表现出相反的模式，它们对外围的刺激做出响应，而中央呈现的刺激则会抑制它们的放电。这就是所谓的中央-外围组织（center-surround organization）原则[1]（见图3.1）。

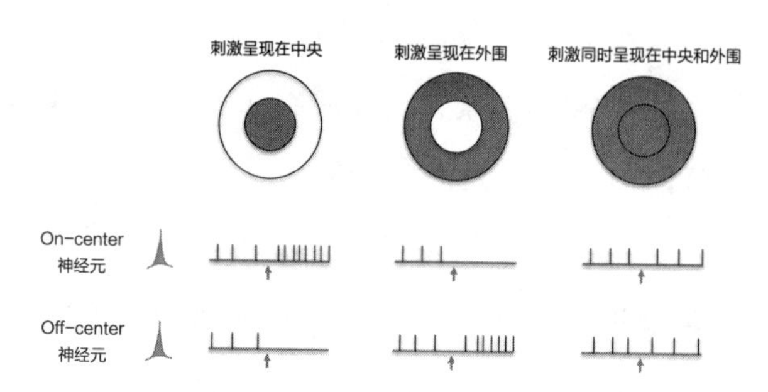

图 3.1 视网膜神经节神经元的中央 – 外围组织原则

On-center 神经元对呈现在中央的刺激有响应，但当外围区域受到刺激时，其放电受到抑制。另外，当外围区域受到刺激时，Off-center 神经元就会被激活，而当中央受到刺激时，就会抑制其活动。当中央和外围同时受到刺激时，这两种效应相互抵消，两种类型神经元的活动都保持不变。在这个示例中，垂直箭头表示给予刺激的时刻。

这种模式有很大的优势，不是简单地通过一种像素的位图来反映是否存在光刺激，中央-外围组织原则——由视网膜上不同类型神经元的分布及其之间的连接造成——可以检测对比度和边缘。因此，大脑接收到有关光线变化的信息，即这些神经元感受野的中心和外围之间的差异。这是一种非常聪明的传递信息的方式，可以聚焦于相关信息，而忽略其他信息。例如，当我看着客厅的墙壁时，我不需要对那个毫无特征的空间里的每个像素信息进行编码。把资源用在这些无关紧要的事情上是荒谬的。事实上，我只是隐约地感觉到墙壁颜色的逐渐变化，因为离窗户越近，光线越强。另外，我可以非常清楚地感受到墙上一幅画的存在所造成的对比，以及画中不同内容更复杂的对比。这正是中央-外围组织原则的功能。为了说明这一思想，让我们看看图3.2。背景色的渐变使中间的横条左端看起来更亮，右端看起来更暗，即使它们实际上是完全相同的颜色。这种现象是由于视网膜不能感知绝对的颜色，而只能感知颜色的对比[2]。

图 3.2　对比错觉

由于与背景形成对比，横条的右端似乎比左端要暗，尽管整个横条的颜色是一样的。

在前一章中我们看到，选择视觉信息的一种方式是通过眼睛的跳动，将我们的视线焦点（伴随中央凹的数百万个神经元）指向任何吸引我们注意力的东西。现在我们知道，在中央凹内还有第二种信息选择机制，就是基于视网膜的中央-外围组织原则。这两种机制揭示了视觉的多个主要原理之一——视觉的功能并不像照相机。相反，大脑会选择少量的信息，并且以冗余和并行的方式进行处理，以提取有意义的信息。这一过程在大脑皮层继续进行，就在初级视觉区域（或V1），每个从视网膜传递信息的神经元对应V1中的几百个神经元[3]。与照相机不同的是，照相机存储的每比特视觉信息的分辨率是一样的，而视觉是有偏向的，它专注于捕捉相关信息来传达意义，而不是完全照搬。毕竟，我对分辨成千上万根黄色头发和黑色头发的细节不感兴趣；我只想知道它是一只老虎，我必须赶快逃跑。大脑对视觉信息的处理比计算机处理图像要复杂得多，这是数百万年进化的结果。

我们选择信息的过程、我们将视线聚焦于吸引我们的事物上的过程，以及我们的神经细胞编码对比度而忽略同质性的方式，是在最近几十年才被阐明的。关于我们如何根据眼睛接收到的信息来构建现实世界的一般理论，以及感觉（sensation）（作用于感觉器官的物理刺激）和知觉

（perception）（对刺激的解释）之间的区别，都是非常古老的话题。早在2 000多年前，亚里士多德就提出假设，从感官接收到信息开始，大脑就会产生作为思维基础的图像（image）。在《论灵魂》（*On the Soul*）一书中，亚里士多德对感官信息的处理提出了一个非常精彩的观点值得一读。

> 思考不同于感知，它部分是想象，部分是判断……但我们所想象的有时是错误的，尽管我们当时对它的判断是正确的。例如，尽管我们确信太阳比地球上的栖息地要大，但我们还是想象太阳的直径有一英尺……对于思维的灵魂而言，图像似乎是知觉的内容（当它断言或否认它们是好或是坏时，它就会躲避或追随它们）。这就是为什么灵魂在思考时总是带着图像。
>
> ——亚里士多德，《论灵魂》，427B，428B，431A［由史密斯（J. A. Smith）翻译］

这些图像是我们对现实的解释，这种解释通过消除细节和提取意义，从抽象中产生概念。在中世纪，托马斯·阿奎那（Thomas Aquinas）重新审视了亚里士多德的观点，称这些图像为鬼魂（ghosts）。埃及天文学家托勒密（Ptolemy）和被许多人视为现代光学之父的中世纪伊斯兰科学家阿尔哈森（Alhazen）也对感觉和知觉做出了类似的区分。此外，外部现实和我们对其的知觉是理想主义的精髓和现代哲学的基础，开始于笛卡儿通过对现实知觉的怀疑而产生的对绝对真理的追求。随后，英国经验主义者［洛克（Locke）、伯克利（Berkeley）和休谟（Hume）］高估了主观知觉，这也是康德（Kant）的先验唯心主义的核心。这一观点认为，我们只能知道我们对事物的表征，却永远不能理解事物本身[4]。

在继续阐述之前，我不得不提到赫尔曼·冯·赫尔姆霍兹（Hermann von Helmholtz）[5]，他在19世纪末——远在有成熟的神经科学支持他之前——详细描述了大脑从感官提供的贫乏信息中提取意义的方式。特别是，赫尔姆霍兹观察到，眼睛收集到的信息非常少，而大脑会基于过去的经验，做出无意识推论（unconscious inferences），以便为我们所看到的赋予意义。像亚里士多德、阿奎那，尤其是经验主义者一样，赫尔姆霍兹认为，我们看到的不是现实的复制品，也不是外在物体的复制品，而是在我们大脑中建构出来的符号（sign）。这些符号不必与现实相似，只要它们是可再生的就足够了。换句话说，我对一个对象的描述不必与对象本身相似，只须每次看到这个对象我都能用相同的符号表示它就足够了。赫尔姆霍兹写道：

> 我们周围空间中的物体似乎具有我们感觉的属性。它们呈现出红色或绿色，冷或暖，有气味或味道等。这些感觉的属性只属于我们的神经系统，根本延伸不到我们周围的空间。然而，即使我们知道这一点，错觉也不会停止……
>
> ——赫尔曼·冯·赫尔姆霍兹，
>
> 《知觉的本质》（*The Facts of Perception*），1878 年

赫尔姆霍兹认为，从无意识推论中获得的知识的价值与英国经验主义者的观点有关。对他们来说，心智是一块白板（tabula rasa），上面蚀刻着一些知识，这些知识源于我们自己的经验和我们对感觉的知觉。赫尔姆霍兹将这种观点比喻为当我们用手指触摸一个物体时所产生的一种极为模糊的感觉。举个例子，想象一下闭着眼睛拿着一支笔。拿着一支笔的知觉是毫无疑问的，但是每根手指的触觉却是模糊的。事实上，如果我们同时拿着几支笔，这种感觉也是相同的。我们对触摸一支笔的知觉，不仅通过手指的触觉，还根据我们之前的经验进行无意识推论，例如，手指的相对位置。

视错觉是大脑利用无意识推论来建构含义的一个典型

例子。图3.3显示了一个经典的错觉——卡尼莎（Kanizsa）三角形，我们根据其角和后面另一个被明显遮挡的三角形来推断它也是一个三角形。即使我们知道这个三角形是不存在的，我们却不可避免地知觉到它的边。在图3.3右图中，我们可以看到两个凸出的圆圈，一个看起来像被压了下去，另一个则像被抬起来了。实际上它们是同一个圆，旋转了180度。这种浮雕错觉似乎来自光的反射（分别在底部和顶部），以及我们基于经验的假设，即光总是来自上方的。

图 3.3 卡尼莎三角形和浮雕错觉

另一个能明确说明经验在赋予我们所见之物的含义方面的重要性的示例来自那些出生时就失明，在成年后（例如，在白内障手术后）才获得视觉的人。赫尔姆霍兹说：

以往经验的记忆痕迹在我们的视觉观察中发挥着更加广泛和有影响力的作用……在最近的研究中充分证实了这样的事实：有些先天失明、后来通过手术重见光明的人，在触摸之前，他们无法通过眼睛来分辨圆形和正方形这样简单的形状。

——赫尔曼·冯·赫尔姆霍兹，《知觉的本质》，1878 年

赫尔姆霍兹的观察结果与英国最著名的经验主义者之一约翰·洛克（John Locke）在两个世纪前凭借纯粹的思维力量得出的结论几乎完全一致。当他的朋友莫利纽克斯（Molyneux）问一个先天失明的人，比如说，当他第一次看到一个球和一个立方体时，他会怎么看，洛克说：

我的看法是，盲人第一眼不能肯定地说出哪一个是球，哪一个是立方体，他只是看到了它们，虽然他可以通过触摸准确地说出它们的名字，当然也可以通过感觉到的不同的形状把它们区分开来。

——约翰·洛克，《关于人类理解》（*An Essay Concerning Human Understanding*），1690 年，第二版，第 9 章，第 8 节

1709年，另一位伟大的英国经验主义者乔治·伯克利（George Berkeley）主教，在一篇《关于视觉的新理论》（*An Essay Towards a New Theory of Vision*）的文章中，也提出了类似的观点，否认知识与经验分离的可能性。

事实上，有多个报告报道了出生时就失明的人在成年后经过手术开始使用他们的视力（注意，我并没有说“看见”）。一般来说，由于缺乏解读眼睛所收集到的信息的经验，这些人都有视力问题[6]。理查德·格雷戈里（Richard Gregory）和约翰·华莱士（John Wallace）报告了一个罕见的病例，患者（姓名的首字母缩写是S.B.）在52岁时接受角膜移植后开始使用眼睛[7]。当格雷戈里和华莱士对他进行一系列视觉测试时，他们发现，除了其他缺点，S.B.无法从二维图中推断深度或透视（例如，当他看到著名的内克尔立方体时）。然而，最有趣的是格雷戈里和华莱士对S.B.最初视觉体验的描述。

> 当拆开绷带后，S.B.最先看到的是外科医生的脸……他听到一个来自他面前的声音，他转向了声音的来源，看到了一团“模糊（blur）”。他意识到这一定是一张脸……他似乎在思考，如果不是因为先前听过这种声音，并且知道这种声音是脸发出的，他就不可能知道

这是一张脸……

大约手术后3天，他第一次看到了月亮。一开始，他以为是窗户上的投影，但当他意识到，或者是别人告诉他，这是月亮时，他对月牙的形状表现出惊讶，他的期待是“四分之一的月亮”看起来像“四分之一块蛋糕”……

很明显，面部表情对他来说毫无意义，他不能通过脸来识别人，尽管他可以通过他们的声音立即来识别……

格雷戈里和华莱士还报告说，S.B.能识别大写字母，但不能识别小写字母。之所以会出现这种情况，是因为S.B.曾在一所盲人学校通过触摸模具来识别大写字母，但从未感觉过小写字母。换句话说，他的大脑对大写字母有表征，当他第一次看到大写字母的时候，他就能够把从其他感觉通道收集到的信息转换过来。而他不能识别小写字母，是因为他没有它们的触觉表征。

我们即将结束有关视觉的章节，在这一章中，我们探索了大脑从我们所见中提取含义的不同策略，远远不是我们视野中所呈现信息的复制。总而言之，首先，大脑处理来自中央凹的信息而忽略其他信息，中央凹是注意的中心；其次，一种中央-外围组织原则负责编码视网膜中的对比度；最后，基于先前经验的无意识推论可以建构符号。我们稍后将看到，这个含义建构的过程在大脑皮层中将继续进行。

我们似乎已经偏离了我们的主题——记忆，然而，我决定详述视觉是有如下几个原因的。视觉和记忆是两个密切相关的过程。如果我们对一个物体没有记忆，我们就不可能识别它。神经学家奥利弗·萨克斯（Oliver Sacks）所讲述的最有名的案例之一，与一位天才音乐家P博士有关。P博士无法通过照片辨认同事、家人甚至自己，也认不出自己学生的脸，只能通过他们的声音来辨别。根据萨克斯的说法，在最初的常规测试中，这个病人在脱下鞋子后就认不出他的鞋子了，尽管这听起来很荒谬。有时候，他又把他妻子的头当成了帽子[8]。P博士可能是视觉失认症最著名的案例。在本质上，有两种类型的视觉失认症都是由大脑损伤引起的。患有统觉性失认症（apperceptive agnosia）的患者很难识别物体，因为他们不能将物体看作一个整体。相反，他们看到的是他们无法整合的完全不同的细节。另外，患有联想失认症（associative agnosia）的患者，可以看到物体，甚至可以完美地通过绘画复制它们，但不能说出这些物体是什么，因为他们不能评估物体的含义。换句话说，物体的视觉表征并没有唤起他们特定记忆的表征。

因此，联想失认症为知觉和记忆之间的关系提供了一个明确的例子。进一步强调一下这种关系：记忆通常产生于知觉，因为我们倾向于对我们看到或听到的事物产生记忆。但是当我们探讨记忆这个主题时，讨论视觉最重要的原因是大脑使用非常相似的策略来观察和记忆。这两个过程都是基于含义的建构，即对外部世界的一种解释。这种解释依赖选取最少信息并进行抽象概括，同时抛弃很多细节。

第 4 章

我们记住多少

我们将讨论遗忘的优点、艾宾浩斯原则、记忆的主观性和浮动性、目击者的可靠性、我们记忆的信息量，以及人类和计算机记忆的区别。

在马塞尔·普鲁斯特（Marcel Proust）写的《追忆似水年华》（*In Search of Lost Time*）七卷本的第一本中，讲述了在一个寒冷的冬日，一勺茶里的玛德琳蛋糕的香味被他冲淡了，顿时开启了他在康姆布雷的一系列童年回忆。味蕾上品尝蛋糕的味道让他想起了玛德琳蛋糕泡在茶里的美味，那是他的阿姨利奥妮在星期天早上给他的。这又让他想起了他那灰色的老房子、它后面为他父母建造的亭子、城镇、城镇广场、他跑腿时走过的街道、乡村道路、他花园里的花、斯万先生园子里的花、睡莲、镇上的人、他们的房子、教堂……

普鲁斯特广受赞誉的叙述阐明了一个特定的刺激（这里指的是玛德琳蛋糕的味道）如何引发一连串相关的记忆——甚至是那些我们通常意识不到的、长期遗落在大脑深处的记忆。在因玛德琳蛋糕回想到这些之前，普鲁斯特曾因为无法回忆起他在康布雷的童年时光而感到沮丧。我想，我们每个人都会时不时地希望我们对过去的回忆能更清晰、更详细。当我们意识到即使是最珍贵的记忆也会随着时间的流逝而模糊时，我们会感到悲伤。在那些时刻，我们从照片或其他地方寻找触发点，帮助我们回忆过去；我们哀叹自己记得的东西太少了，希望自己能记得更多、更多。

然而，就在我们思考这个问题的时候，我们可能意识到，记住更多的东西不一定是有益的，因为在不知不觉中，我们巩固了最愉快的记忆，忘记了不那么愉快的细节。我们可能渴望回忆起童年，但很容易忘记了日复一日早起上学的折磨，忘记了在课堂上花几个小时坐着的努力，忘记了家庭作业的乏味。遗忘给我们带来了模糊的意象和未完成故事带来的愉悦和心痛，就像一支探戈，它哀叹着我们记忆稀少的悲伤，同时也承认有些东西还是隐隐约约更好。

乔治·路易斯·博尔赫斯（Jorge Luis Borges）在《博闻强记的富内斯》（*Funes the Memorious*）一书中，以非凡的洞察力描述了能够记住一切所带来的痛苦。博尔赫斯写道："富内斯不仅记得每座山、每棵树上的每片叶子，而且还记得他所知觉到或想象的每个情景"[1]。富内斯躺在黑暗的卧室里结束了他的一天，脑子里塞满的记忆和无关的细节，使他无法入睡或思考。美国心理学家和哲学家、现代心理学的先驱威廉·詹姆斯（William James）在19世纪末提出了一个与博尔赫斯类似的观点，他认为，为了记忆必须遗忘。这听起来有些矛盾。如果我们什么都记得，就会像什么都不记得一样有缺陷[2]。

自古以来，人们就认识到遗忘的好处（我们将在下一章讨论如何记得更多）。西塞罗（Cicero）在他的论文中写道，雅典将军兼政治家泰米斯托克利斯（Themistocles）拒绝学习记忆术，他更喜欢遗忘的好处[3]。遗忘的重要性也是亚里士多德，尤其是阿奎那的思想。他们可能不会像詹姆斯或博尔赫斯那样表达，但是，正如我们在前一章看到的，根据亚里士多德和阿奎那的解释，我们通过感官感知到的刺激就像图像或鬼魂，以此构建我们的思想，并且从中抽象出概念。例如，当我们看到一匹马时，我们产生了一个"个体（individual）"的表征——一匹特定的马。当我们看到很多匹马时，我们从这些个体的表征中提取出一个"普遍（universal）"的表征——马的概念。从个体表征中创造普遍概念的基础是抽象出共同的特征。这就是遗忘的重要性：为了形成概念而忽略无关的细节。博尔赫斯在《博闻强记的富内斯》一书中精彩地描述了这一点。博尔赫斯说：

我们不要忘记，他几乎不可能有一般的柏拉图式的思想。

他不仅很难理解“狗”这个通用术语可以包含这么多不同大小和形状的个体；让他烦恼的是，在3点14分看到的侧面的狗和3点15分看到的正面的狗是同一个狗。他看到镜子里自己的脸和自己的手，每次都会吃惊……（富内斯）是这个世界的一个孤独而又敏锐的旁观者，这个世界同时又是繁杂的、瞬息万变的，而且几乎精确到令人无法忍受的程度。

——乔治·路易斯·博尔赫斯，摘自小说《博闻强记的富内斯》，1994年

至此，我不再讨论博尔赫斯思想与这些思想的密切关系，因为这是另一本书的主题[4]。显然，我们并不想记住所有的事情，但我们也不想什么都记不住。记住和遗忘之间必须有一个平衡。但是，平衡在哪儿呢？我们记住了多少？尤其是，我们如何估计我们的记忆容量？

19世纪后期，匈牙利出生的英国心理学家古斯塔夫·斯皮勒（Gustav Spiller）为自己设定了一项重要任务：量化自己的记忆量[5]。为此，他写下了他在人生不同阶段能回忆起的所有经历，并且列举了构成每次经历的所有具体记忆。这个非凡的实验让斯皮勒估计出，在他人生的前9年大约有100个记忆[6]，到20岁时有3 600个，20～25岁时增加了2 000个，随后的9年又增加了大约4 000个，结论是

到35岁时大约有10 000个记忆。此外，斯皮勒还计算出，一个人记忆的总量，如果按照时间计算的话（更确切地说，按照时间重现这些记忆），大约相当于半天。当然，这些数字只是估计值，但值得注意的是，弗朗西斯·高尔顿爵士（Francis Galton）[7]和其他新近的研究人员也得出了类似的数字[8]。在35岁的时候，我们或许不只有1万个记忆，可能有1.5万个、2万个甚至3万个记忆。这些记忆重现可能需要的不是半天，而是两天，甚至一个星期。斯皮勒自己也承认，他的定量估计并不完全可靠。但撇开这些数字的确切值不谈，令人震惊的是，大量的信息还是都被遗忘了。

对记忆进行系统性实验研究的先驱是德国心理学家赫尔曼·艾宾浩斯（Hermann Ebbinghaus），他于1885年发表了一组关于人类记忆能力的精确实验结果，尽管这些实验既辛苦又乏味[9]。艾宾浩斯创造了2 300个假想词，每个词由3个字母组成（2个辅音夹1个元音），然后从中随机选词进行测量：

1）通过不同的时间间隔学习词汇，测量能记住的单词量如何变化；

2）重复学习多少次单词后可以让人更容易记住它们。

从这些实验中，艾宾浩斯得出了两个基本原则（见

图4.1）。一方面，随着时间的流逝，能记住的单词数量迅速减少。他得出结论，有些记忆可以持续几个小时、几个月甚至几年，而有些只能持续几分钟甚至几秒钟。如今，这一原则反映在我们对长时记忆和短时记忆的区分上。短时记忆允许我们在短时间内记住信息，并且意识到当前事件的发展。这是我们正在使用的记忆，例如，在寻找正确的单词表达时，我得记住我在这个句子中想表达什么。另一方面，长时记忆是由我们从现在选择的特定部分组成的，当我们在未来重温这些细节时，它们将成为过去的一部分。长时记忆是我对上一个生日的记忆，是对美酒的味道的记忆，是需要计算积分时对数学技巧的记忆。我们的短时记忆中只有一小部分最终会在我们的大脑中得到巩固。但是短时记忆是如何变成长时记忆的呢？艾宾浩斯的第二个原则正好回答了这个问题：重复和练习可以使记忆变得持久；对这些无意义的单词重复次数越多，能记住的时间就越长。

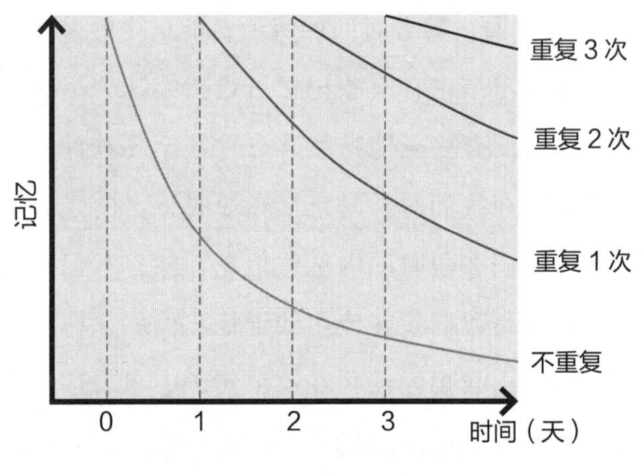

图 4.1 艾宾浩斯遗忘曲线

记住的单词数量会随着时间的推移而减少，但随着对单词的重复次数增多，记忆的衰退会减少。

从艾宾浩斯的研究结果中我们发现：重复有助于增强记忆，这在学术上被称为记忆巩固（memory consolidation）。持久的、长期的记忆是由那些吸引我们注意力的显著事件组成的，那些记忆我们会反复带回到我们的意识中。在《提阿特图斯》（*Theaetetus*）一书中，柏拉图将记忆描述为一块蜡上的蚀刻画。我们对某个记忆回忆的次数越多，就蚀刻得越牢固。柏拉图的描述对应我们对记忆的直观理解，但是，我们很快就会看到，虽然重复确实会增强记忆，但刻在我们大脑里的静态记忆与现实相去甚远。

20世纪早期的英国哲学家和心理学家弗雷德里克·巴特利特（Frederic Bartlett）突破了由艾宾浩斯开创的实验研究路线，展示了记忆的可塑性和主观性。根据巴特利特的观点，使用无意义的词汇会导致一种受控的情况，这种情况与现实生活相去甚远，而且忽略了一个最重要的因素——意义的建构。换句话说，巴特利特认为，通过不同时间间隔考察被记住的无意义词汇的数量，并不能完全解释日常记忆的工作原理。就拿我今天早上的早餐来说吧。构成我今天早餐记忆的一系列事件是相互关联的，它们有上下文，它们不是孤立的事件。假设我吃了烤面包和果酱，这个简单的事件可以有不同的背景：我吃了面包，而不是通常吃的熏肉和鸡蛋，也许是因为我昨天晚餐吃太多熏肉和鸡蛋了，或者是因为我想尝试一下前几天在一个手工艺市场买的手工制作的果酱。含义的提取是由情境驱动的。在第一种情况下，我可能甚至不记得我吃的是哪种果酱，因为它无关紧要。在这种情况下，重要的是我吃了面包，因为我想要一顿清淡的早餐。在第二种情况下，我会记得我吃的果酱的种类，因为我为了品尝它特意选择了早餐类型。换句话说，即使事件本身是一样的，但我的主观体验，决定了我将可能储存在大脑中的记忆却是完全不同的。情境也有助于记忆的提取。如果几天之后，我试着回忆我今天早餐吃了什么，那么回忆我想吃点清淡的东西，或者品尝一下手工制作的果酱，会让我通过不同的联想回忆起我吃过烤面包和果酱。

现在让我们把在特定情境下对经历的记忆与死记硬背随机的单词相比较：烤面包、果酱、晚餐、早餐等。在这种情况下，记忆机制是完全不同的，因为它缺乏上下文和意义。如果我们将吃早餐的记忆与艾宾浩斯使用的毫无意义的单词如TOC、MIF、REP等的记忆相比较，这种区别会更明显。很显然，他所研究的记忆机制和我们在日常生活中使用的记忆机制有很大的不同。尽管如此，艾宾浩斯的两个基本原则仍然被普遍认为是正确的：我们有两种记忆，短时记忆和长时记忆；重复有助于记忆的巩固。巴特利特的观点增加了我们对记忆的理解，那就是提取含义的重要性，或者，用巴特利特自己的话来说，建构一个图式（schema）的重要性。

巴特利特使用的实验过程很简单且大多是描述性的。与艾宾浩斯不同的是，巴特利特只关心阐明一般原理，而没有使用定量数据。巴特利特让剑桥的学生读了一个印第安人的民间传说《鬼之战》，然后让学生给他复述这个故事[10]。从这个实验中，巴特利特得出结论，对故事的记忆往往是缩短和简化的，每个学生都根据自己的个人理解对故事进行了修改。当他在不同时间间隔（几周、几个月，甚至几年）让学生复述这个故事时，巴特利特发现，被试者每次复述故事时，都会改变故事，而且在某些情况下，复述多次之后，回忆与最初的故事几乎没有关系。比起故事本身，被试者更能记住他们根据阅读时的理解和联想建构出的故事图式。他们以这种图式为出发点，每次都以不同的方式重新建构故事，忘记了许多细节，并且在不知不觉中创造和添加了其他细节。基于这些结果，巴特利特得出结论：记忆是一个创造性的过程，而记忆的巩固远非柏拉图想象的蚀刻浮雕，而是强化了一个图式——一种经常改变记忆本身的主观表征。

就像观看的过程与照相机产生的像素化表征有很大的不同一样，记忆也与电影中再现的我们的记忆有很大的不同。这正是为什么我们要详细地叙述视觉的基本原理的原因，因为同样的原理也适用于记忆。事实上，巴特利特的图式结构与前一章中讲述的赫尔姆霍兹的符号结构有很大的相似之处。虽然前者是有关记忆的，后者是有关视觉的，但我们大脑中发生的过程本质上是相同的：都意味着从无意识的推论出发，建构一个有意义的现实，然后使用这个意义、符号或图式，而不是现实本身；都意味着在选择信息的基础上进行抽象，并且抛弃无数的细节。在前一章中，我们看到了无意识推论是如何产生视错觉的，类似的推论也会产生虚构——我们对不符合实际经验的事件的记忆巩固。

心理学家伊丽莎白·洛夫特斯（Elizabeth Loftus）为我们的记忆可塑性提供了一个令人震惊的例子，她设计了一个简单但有说服力的实验[11]。

洛夫特斯给不同的被试者看了一段交通事故的视频，然后让他们估计事故发生时车辆的速度。有趣的部分来了：她让一组被试者估计汽车“相撞（hit）”时的速度；问另一组被试者汽车“碰撞（collide）”时的速度；让第三组被试者估计两辆车“撞碎（smashed）”时的速度；而对于第四组，她使用了“接触（contacted）”这个词；第五组则是“撞击（bumped）”。所有的被试者都在相同的条件下观看了同样的视频，但令人惊讶的结果是，那些被问到“撞碎”这个词的被试者给出了最快的估计速度，紧随其后的是那些听到“碰撞”“撞击”“相撞”的被试者，最慢速度的是“接触”。更令人惊讶的是，一个星期后，洛夫特斯问同一批被试者是否在事故现场看到碎玻璃。听到单词“撞碎”的被试者中有32%回答错误，而听到单词“相撞”的被试者中只有14%回答错了。

洛夫特斯的研究结果显示了我们的记忆是多么的脆弱，以及在巩固过程中记忆是多么容易被操纵——只需要在问题中改变一个词。除了科学性和趣味性，这些发现还有巨大的实际意义，因为它们显示了审判中目击者的主观性，以及目击者的证词是否容易被提问的方式所操纵[12]。据估计，仅在美国，就有200多名无辜的人因被目击者错误地指认而被判入狱。尤其臭名昭著的是罗纳德·科顿（Ronald Cotton）的案子，值得详细叙述，因为它提供了记忆脆弱性的强有力证据。

1984年，北卡罗来纳州的一名大学生詹妮弗·汤普森被一名闯入她家的人强奸了。汤普森无法逃脱，因为强奸犯拿着一把刀抵着她的喉咙，她决定专注于强奸犯的脸，记住他的每个特征，以便有一天，如果她在袭击中幸存下来，能够认出他并确保他被定罪。汤普森协助一名警署的素描艺术家初步画出了强奸犯的画像。警方找到了6名嫌疑人，并且将他们的照片拿给汤普森看，问她能否认出他。据负责此案的警探说[13]，汤普森看了这些照片大约5分钟后才认出了罗纳德·科顿。两天后，警探把科顿安排在一个队列中，让詹妮弗·汤普森辨认。在两个嫌疑犯之间产生犹豫之后，她再次确定是科顿。在那一刻，她确信自己认出了强奸她的人。当她被告知这就是她之前从照片中挑选的那个人时，她更加确信自己认出了那个人。她内心毫无疑问，但事实上她错了。

22岁时，罗纳德·科顿被判终身监禁。过了一段时间，一次偶然的机会，一名来自与科顿所在的同一个城市的连环强奸犯鲍比·普尔承认了这件事情，他和科顿长得很像。科顿通过小道消息得知就是普尔强奸了詹妮弗·汤普森后，他设法让此案重新审理。但当汤普森面对这两名嫌疑人时，她再次确认科顿就是凶手，并且声称她以前从未见过普尔。最后，在经历了近11年的牢狱生活后，罗纳德·科顿终于被证明无罪，当时一种新的工具——DNA测试，一劳永逸地证明了他的清白（以及普尔的罪行）。

值得注意的是，尽管詹妮弗·汤普森在案发时努力记住强奸犯的脸，但她最终还是重塑了自己的记忆，回忆成了别人。当强奸犯出现在她面前时，她都无法辨认出真正的罪犯。即使在被告知DNA测试提供了无可争议的证据之后，当她回想起那次袭击时，看到的还是科顿的脸。那么，她怎么能确信一些根本不是真的事情呢？

事后反驳很容易。很明显，汤普森在从一组6名嫌疑人的照片中选择之前犹豫了5分钟。如果她真的确信，那么她的决定只需要几秒钟。后来，她在两个嫌疑犯之间也产生了犹豫。在那之后，她不自觉地巩固了一个错误的记忆，成为她不容置疑的事实[14]。詹妮弗·汤普森并没有恶意为之，也没有对把某人送进监狱了却残生这件事掉以轻心，她只是按照她所记得的（错误地）去做[15]。

总结起来，我们已经看到我们的记忆是基于我们对它们的解释而形成和存储的。我们描述了两种研究记忆的实验方法：一种是艾宾浩斯的系统和定量研究，考察在不同的时间间隔能记住的无意义词汇的数量；另一种是斯皮勒和巴特利特的研究，尽管比起定量研究更具有描述性，但它们表明了我们能记得的是多么的少。有没有办法把这两种方法结合起来呢？我们能否在不借助无意义词汇实验或模糊的主观记忆的情况下，对自己的记忆能力做出更可靠的估计呢？

20世纪80年代，美国心理学家托马斯·兰道尔（Thomas Landauer）发扬巴特利特和斯皮勒的精神，开始估算我们记住的信息量，但采用的是一种更定量的实验方法[16]。为此，他研究了人们在阅读文本几分钟后记住的单词数量，时间间隔长到可以忽略短时记忆，而只考察长时记忆。假设平均阅读速度为每分钟180个单词，兰道尔估计他的被试者在记忆中存储的信息大约为每秒1.2比特。这个结果并不局限于文本记忆，因为兰道尔在考察被试者看到图像后能记住的数量时，也得到了类似的数字——每秒1～2

比特。这些估计得出了几个有趣的结论。假设人们每天醒着16个小时，考虑到记忆随着时间的流逝而衰退（基于类似艾宾浩斯遗忘曲线的数据），兰道尔估计一个70岁的人大约能存储10^9比特的记忆。换句话说，在人的一生中，我们积累的信息不超过125MB。这种估计是基于对文本和图像的记忆的，但兰道尔认为，其他类型的记忆（如对话、音乐片段等）所需要的信息量是相同的。确切的数字可能大一些，也可能小一些，但不可否认的是，我们对一生的经历记得的很少[17]。根据兰道尔的计算，一个128GB的闪存驱动器，其芯片比一个缩略图还小，可以存储人类大脑一生积累记忆的1 000倍。这是否意味着一个30美元的闪存驱动器比人脑更强大？[18]显然不是。但当我们进一步研究这些估计值时，可以看到我们的记忆与闪存驱动器和计算机的区别。

在第2章中，我们看到使用8比特（bps）（一个字节）的信息可以表示文本中使用的256个ASCII码。因此，如果我们假设平均每个单词的长度为5个字母[19]，平均阅读速度为每分钟180个单词（每秒3个单词），那么我们得到的信息流为每秒120bps。但这是以我们逐一处理每个字母为前提的。如果我们考虑一种更复杂的存储表征，例如，在处理信息时以单词作为最小单元，信息量就会下降到大约

45bps[20]。有趣的事实是，我们存储的不是120bps，也不是45bps，而是1bps——因为我们生成的表征要比字母或单词表达的复杂得多。如果考虑我们对图像存储的信息量则更有趣。在前面的章节中，我们看到视网膜通过视神经每秒向大脑传输大约10Mbps的信息。因此我们最后记忆的视觉信息（根据兰道尔的观点，是1bps）比眼睛传到大脑信息的100万分之一还要少。正如我们前面所了解的，这比呈现在我们视野中的信息少很多。换句话说，我们一生中看到的所有图像的记忆大约相当于眼睛在两分钟内传递到大脑的信息。

另外，我们在第1章中了解到人类大脑中约有1 000亿个（10^{11}个）神经元。考虑到每个神经元可以编码1比特的信息（通过保持静息或被激活），那么大脑就可以存储10兆字节的信息。一些科学家更进一步估计出，大脑可以在每个突触中存储一点信息，由于人脑大约有10^{15}个突触，所以这相当于可存储大约1 000TB或1 000万亿字节的信息[21]。再次说明，不管我们倾向于哪种估计，很明显的是，大脑的存储容量远远超过了它实际存储的信息量（根据兰道尔的结论，是125MB）。这是因为大脑存储信息的机制是一种非常冗余的方式——用一群神经元对同一条信息的多个特定方面进行并行性编码，目的是获取意义。这正是人脑与闪存驱动器或计算机的区别所在。计算机的硬盘可以存储并忠实地复制大量的文本段落、照片或视频，但它无法理解这些内容。而人类的大脑则把它的资源集中在为从感官中获得的少量信息指定意义上。

正如赫尔姆霍兹和巴特利特所指出的，意义是基于先前经验的假设所建构的。几年前，一位非凡的魔术师，同时也是我的好朋友，米格尔·安吉尔·吉亚（Miguel Ángel Gea），在我大学拥挤的演讲厅里做了一场关于魔术的演讲。他一开始就指出，观众中大多数是学者和大学生，他们有文化，有智慧，因此……很容易上当！吉亚继续解释说，“聪明的人”总是对现实做出假设，而魔术师的艺术就是在他们表演魔术的时候把这些假设排除在外。事实上，儿童的魔术与成人的完全不同，这并非出于巧合。因为儿童会注意到一些细节，这些细节正是成人们随着时间的推移已经学会忽略掉的[22]。

这些假设，就是赫尔姆霍兹所说的无意识推论，是我们日常生活的一部分，无论我们是看电影、听音乐、过马路、阅读还是做运动，都会发生。例如，音乐理论的一个重要方面就涉及紧张感（tension）和消除紧张感的运用。紧张感是通过构建预期（例如，引导我们在第五和弦之后期待调性和弦）产生的，并且会在作曲家选择的某个时间得到消除[23]。我们可能钦佩作曲家通过插入不和谐音、改变音调或节奏等方式打破古典音乐结构的天才设计，然而太多的这种破坏会使我们无法预测接下来会发生什么，结果通常使我们听起来很不愉快。即使是我们认为混乱无序的音乐风格也遵循着可识别的音乐惯例。

我们每次看电影也会做推论。尤其是恐怖片和悬疑片，通过操纵我们的预期，让我们根据音乐、场景或情境的长度来预测将要发生的事情，从而制造紧张感。当然，它们也会玩“意外的惊喜”，但它们产生的大部分紧张感来自我们对一些急剧变化性事情即将发生的预期——尤其在我们不确定它发生的确切时刻时。电影悬念大师阿尔弗雷德·希区柯克（Alfred Hitchcock）曾说过，爆炸不会引起恐惧，但对它的期待会。希区柯克认为，在一颗炸弹爆炸前展示它比让它意外爆炸更能产生紧张感（也因此更令人毛骨悚然）。

在体育运动中运用期望和推论的例子比比皆是：守门员依据踢球者的姿势来预测他将把点球射到哪里；网球运动员在击球时观察对手的动作预测球的走向。成功的运动员避免透露线索来让对手做出这样的预测，或者通过操纵对手的预期来鼓励其做出错误的预测。

类似的原则也适用于日常情况。如果我收到的求职信回复的开头是“很遗憾”，那我不必看下去就知道我是否被录用了。更重要的是，如前所述，我们处理书面信息的方式比字母或单词所传达的信息更为复杂，这一事实构成了我们阅读的基础。这就是成年人的阅读速度比儿童快得多的原因：儿童一个音节一个音节地读，而成年人往往利用无意识的推论跳过单词。同样地，我可以从一个人的表情中推断出他说话的语气，甚至在某种程度上推断出他说话的内容——当我们在一个嘈杂的房间里或者用一种我们不完全理解的语言交谈时，我们经常使用这一套。如果我在家里听到一个我不能马上识别的声音，我不会把它与我遇到过的每个人的声音进行比较；相反，我会自动地在一个非常狭窄的可能性集合中进行筛选。我会假设是我的家人，因为是别人的可能性很低。同样地，如果我听到火车的声音，我知道这是来自收音机或电视的，因为即使我有一个最先进的音响系统，这个声音与火车站的火车声音完全相同，我也知道我的房子附近没有铁轨。

简而言之，大脑通过以往经验的推断来决定如何解释感官提供的信息[24]。正如我们以为我们看到了一切细节，但实际上我们只看到了视野中场景的一小部分，并且推断出其余部分。我们已经知道，我们记得的东西少得惊人。我们认为我们会详细地记住过去的经历，但实际上我们只记住了一些具体的事实，并且用假设来填补它们之间的空白。我想我还记得我昨天做了什么：我骑自行车去的办公室，在电脑上读邮件的时候给自己沏了杯茶，然后和我的一个学生讨论一些结果，吃午饭，等等。然而，从所有这些事件中，我可能只记得我和学生之间的一些对话，而且只有当其中有些内容是新奇的或值得注意的时候。其他一切都只是我日常生活的一部分，我不会去注意它们，也不会把它们编入我的记忆，而是根据经验推测。正是这个过程让巴特利特发现，他的学生们记住了一个更短、更连贯的故事。他们不可能记得所有的事情，他们记住了有限的具体事实，并且推断出其余的部分。基于这种推论的图式构建——使我们记得对客观现实的主观解释，而不是现实本身——正是错误记忆的来源，这些错误记忆使我们确信那些从未发生过的事情是真的。

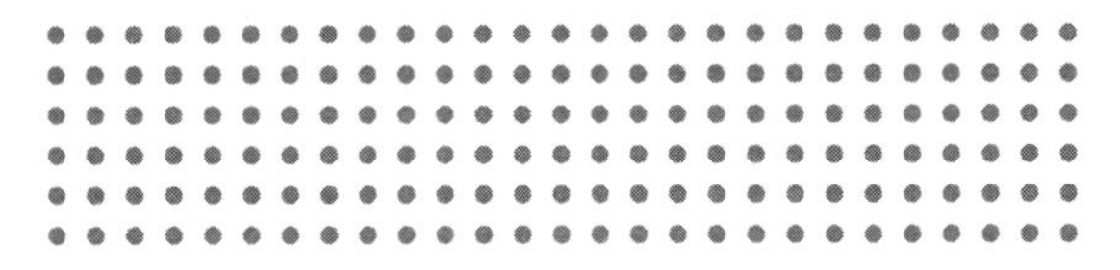

第 5 章

我们能记住更多吗

我们将描述位点记忆的方法、记忆在历史上和当代的重要性、中世纪后记忆艺术的复兴、不能忘记的人的例子，以及相关的“记忆天才”。

传说古希腊诗人西蒙尼德斯（Simonides）在一次宴会上被叫到门口接收信息，就在这时，他刚离开的房间的屋顶坍塌了，压到了所有客人[1]。当碎石被清理干净后，尸体已经被严重毁坏，难以辨认。然而，西蒙尼德斯能够通过记住每个客人的座位来辨认尸体。根据这个经验，西蒙尼德斯认为整理记忆是保存记忆的关键，接着他发明了记忆术（mnemonics），即利用各种技术来增强记忆的艺术。特别是，西蒙尼德斯发展了被称为“位点记忆法（method of loci）”（loci在拉丁语中是“地点”的意思），它包括将对象与特定位置进行关联。

为了实践这个方法，我们必须详细地想象一个非常熟悉的地方，比如我们居住的街道，然后把我们希望记住的东西分配到我们脑海中这个地方的特定地点。例如，如果我想要记住一个单词列表：面包、椅子、岩石、汽车、书、玻璃、勺子、灯、花、剑等，我可以想象把这些对象分配到一个街道：将会有一个大面包在街角，在街角的同一个角落，一把椅子在日托中心的门前；我将在公共汽车站旁放一块巨大的石头，在车站的正对面放一辆黄色的法拉利；在我邻居的门口，我会把一本大书放在架子上；我的房子前面将有一个大玻璃杯，里面装满了沸腾的液体；我隔壁的另一个邻居家门口会有一个巨大的勺子，人行横道上也会有一个巨大的立着的灯，每当有人穿过马路时，它就会闪烁；再往前走，在学校的入口处，将会有一束巨大的花迎接学生，我还会在公园中央立一个剑的纪念碑。

现在，为了记住这张单词表，我所要做的就是想象自己在街上漫步，并且记下我走过时摆放的物品。这里我选择的是这个街道，但我也可以选择从前门到花园的路径（穿过门厅、客厅门、餐桌、沙发、电视、花园的门，等等）、我去上班的路线，或任何其他空间的安排，只要对我来说是非常熟悉的，并且在理想情况下，路径上要有足够的参考点来放置我想要记住的东西。这种联想的强大之处在于，即使是我随便选的词，我也会觉得它们已经在我的记忆中固定在了我放置它们的地方。再过几周、几个月，甚至几年，虽然不能说全部记住，但我仍能记住其中的大部分[2]。很容易通过使用来证实位点记忆法的稳定性。花几分钟时间来比较一个人的记忆能力，一种方法是运用西蒙尼德斯的方法，采用与上面一样的单词列表（面包、椅子、岩石等）；另一种方法是不断重复，直到都记住并回忆起来，选择一个相似的单词列表（例如，绘画、插座、电视、时钟、草、球、行李箱、水壶、船、牛奶）。也许几分钟后我们都能回忆起两个单词表，但几小时后，我们对第一个列表的记忆肯定比第二个要好得多[3]。

要想使位点记忆法起作用，选择醒目的视觉图像来代表我们想要记忆的对象是很重要的。在上面的例子中，我并不是无意突出所使用的图像的大小和显著程度的：一辆黄色的法拉利、每当有人过马路时就会闪烁的灯、迎接学生的鲜花、剑的纪念碑，等等。事实上，在公共汽车站旁边一块巨大的石头比一块滚动的鹅卵石更容易被记住；靠在邻居门上的大汤匙比躺在人行道上的汤匙更容易被看到和记住。同样的方法也可以延伸到其他类型的单词上。如果我想记住一个人的名字，我可以想象这个人在公交车站抽烟、玩球，或者用扩音器朗诵诗歌。任何这些图像都比一个人只是站在公交车站无所事事更令人印象深刻。创造脑海中的图像也有助于记忆更抽象的单词。例如，如果我想记住“爱”这个词，我可以想象一对情侣激情相拥；如果我想记住“正义”这个词，我可以想象一个穿着黑袍的法官在主持审判，等等。同样地，我们也可以通过把每个数字与一个图像联系起来，来记住一串数字[4]。

显然，当我们练习时，如果我们想要记住更多的内容，我们就需要更多的参考点。例如，在从我家通往花园的小路上，我还可以定义其他位置：壁炉、厨房门、音响；我可以在餐桌上放置多达6个不同的物体，每个座位一个；我可以在沙发上放3个东西，每个垫子上放一个。重要的是保持空间秩序，这样，当我想象从前门走到后门，参考点的顺序总是相同的。

位点记忆法说明了记忆是如何工作的几个有趣方面。第一，正如西蒙尼德斯所观察到的，为了避免干扰（也就是说，一些记忆阻碍了其他的记忆），组织我们试图记住的东西是很重要的。例如，在对之前的单词列表进行了非结构化的学习之后，我可能在回忆勺子时遇到问题，因为面包、汽车和椅子会浮现在我的脑海中，产生干扰。但如果我回忆的勺子（不是面包、汽车或椅子）是位于邻居门上时，对这个单词的记忆就要有效得多。第二，它强调了视觉的重要性。根据西塞罗的《论演说家》（*De OratoreII*，LXXXVII，357），西蒙尼德斯认为视觉是最重要的感官。事实上，我们现在知道，我们的大脑有相当多的一部分用于视觉处理。图像充分利用了我们大脑的机制，比数字、字母或单词更令人难忘。第三，位点记忆法强调了关联的重要性，在这里，人或物体都与地点相关联。一般来说，当我们回到一个地方，我们不仅记得这个地方本身，也记得我们在那里做了什么。第四，位点记忆法利用了这样一个事实：最容易记住的事件是那些最能吸引我们注意力的事件，它们使用的是非常出色的图像，而这些图像最理想的是充满情感的内容。我会更容易记得我的母亲站在某个角落里，而不是一个陌生的女人站在那里。

如果位点记忆法有意义的话，它在今天有什么实际意义呢？毕竟，我可以简单地把购物清单写在一张纸上；我只需要按下一个按键就可以拨打存储在手机内存中的电话号码；有了GPS，就不需要记住去朋友家的路了。相比之下，锻炼和磨炼记忆在古代是至关重要的，那时没有电脑、手机、GPS设备，甚至连纸都没有[5]。如果我要在一个会议上做一个小时的演讲，我可以在演讲时准备一套幻灯片（用PowerPoint或Mac的Keynote）来帮助我记忆。我不需要详细地记住演讲的内容，因为有幻灯片的提示，我可以记住我想说的内容。在我上大学的时候，这些工具还没有，但是教授讲课时可以使用他们在纸上准备的笔记（尽管有一些教授在反复讲授同一门课程后可以凭记忆讲课）。

现在来想象一下一个罗马参议员的情况，他必须为支持增税而争辩。他可能说，考虑到来自迦太基（Carthage）

的威胁，有必要建造新的战舰；他不能不提到，保持一支强大的民兵来对抗波斯帝国是至关重要的，有必要资助建造一座新寺庙和修复渡槽等。每件事都是至关重要的，参议员不想忘记任何一件事，但是由于他没有记录这些事的文件，他必须依靠他的记忆。因此，记忆术在古代非常重要，尤其在公共演讲中。事实上，那个时代产生了两篇关于记忆的重要论著——西塞罗的《论演说家》和昆提利安（Quintilian）的《演说术原理》（*Institutio Oratoria*）[6]，这并不是巧合。关于这个问题，后一位作者是这样说的：

> 如果不是因为正是记忆给演说带来了现在的荣耀，我们永远不会知道记忆的力量是多么伟大和神圣。它不仅为演说者提供了一种记住他思想的方法，而且还提供了记住他要说的话的方法。
>
> ——昆提利安，《演说术原理》，第六章，第二节，7-8页

在柏拉图的一篇对话录中，克里提亚（Critias）认为（在演讲之前和被建议引用各种神灵之后）：

> 除了你提到的男女诸神，我还要特别提到古希腊记忆女神（Mnemosyne）。因为我谈话的全部重要部分都有赖于她

的偏爱，如果我能回忆和背诵得足够多的话……我相信我能满足这家剧院的要求。

——柏拉图，《克里提亚》（Critias）[由本杰明·乔维特（Benjamin Jowett）翻译]

在古代，良好的记忆力被视为一种伟大的美德，有许多关于具有非凡记忆力的人的记载。例如，据说古罗马哲学家塞内加（Seneca）是尼禄（Nero）的顾问，他可以按照尼禄提供的名单依次回忆出2 000个名字；希腊的查玛达斯（Charmadas）能把一本书背下来，就好像朗诵一样；22国的国王米特里达泰（Mithridates）可以用他帝国里的每种语言主持正义；波斯国王居鲁士（Cyrus）知道他所有士兵的名字；而卢修斯·西庇奥（Lucius Scipio）知道罗马所有人的名字；皮拉斯（Pyrrhus）国王的大使西齐纳斯（Cineas）在到达罗马的第二天就知道了所有罗马元老院议员的名字[7]。还有美特若多若（Metrodorus），他完善了位点记忆法，将物品分布在12宫的360个分区中。根据西塞罗的说法，他可以在自己的记忆位置上铭刻他想记住的任意事物，就像在蜡上刻字一样[8]。

演讲术和记忆术的练习在中世纪消失了，但在文艺复兴时期又重新流行起来，开始于15世纪后期[9]。记忆术的重生可以归功于几个人，其中包括拉文纳的彼得（Peter），他是一位意大利法官，在1491年，也就是哥伦布发现新大陆的前一年，出版了关于记忆的论文《凤凰城的人工记忆》（*Phoenix Seu Artificiosa Memoria*），至今还广为流传。彼得写道，他的记忆练习使他能够学习和背诵，包括“全部的教会法规、经文和注解……西塞罗的200篇演说或语录、哲学家的名言300句和2万条法律事项”[10]。奇怪的是，关于位点记忆法的应用，彼得建议使用安静的地方来放置记忆的内容，例如，将一系列的参考点选在一个熟悉的和少有人参观的教堂。他还建议使用引人注目的图像，如清秀的处女。将此法传授给纯洁的和信仰宗教的人时，他也感到很抱歉。

后来，在16世纪早期，朱里奥·卡米罗（Giulio Camillo）设计了通过一个想象中的大剧院对信息进行分类和排序的方法。这个大剧院有7层和7个分区，每个部分用一个特定的图像表示，分别对应不同领域的知识和著作。按照卡米罗的说法，每层和每个分区的图像都将带来与之相关的知识的有序记忆，以这样一种方式，“任何观察者都能像西塞罗一样流利地谈论任何主题。”[11]特别是，把他那个时代的所有知识分配到剧院的不同部分是一项艰巨任务，卡米罗认为，“如果希望能记得每天的演讲内容的古代演说家把这些内容放置在脆弱的地方（位点记忆法中的不同参考位点）作为暂时的事物，那么，希望永远记住所有事物的永恒本质（可以用语言表达出来的部分）的我们……就应该把它们放置在永恒的地方，这样才是正确的方式。”[12]此后不久，哲学家、宇宙学家和多米尼加修士佐丹奴·布鲁诺（Giordano Bruno）建造了一个精巧的助记轮，将同心圆分割成150个部分，每个部分都有不同的图像和符号，代表要记住的类别和项目（见图5.1）。他支持尼古拉·哥白尼（Nicolaus Copernicus）的日心说（在永恒、无垠的空间里，在其他星球上可能也会发现智慧生命，太阳只是众多恒星之一），他提出了人类意识反映了宇宙的灵魂的泛神论，他在发展记忆术中使用了异教图像和魔法。鉴于他的革命性思想，佐丹奴·布鲁诺作为科学的殉道者被宗教法庭处以极刑，人们对此或许并不感到意外[13]。

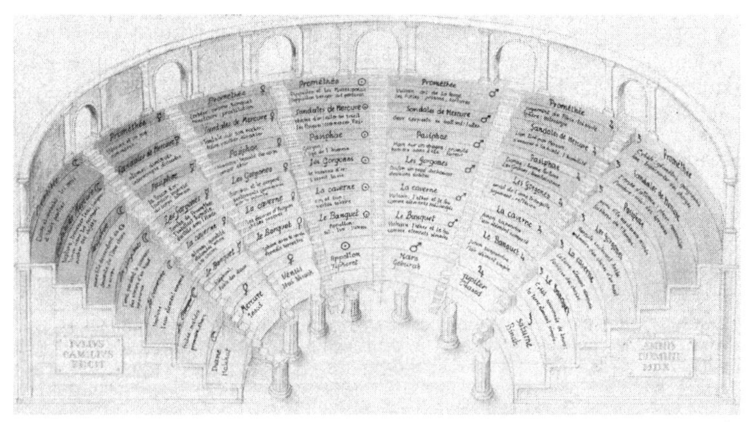

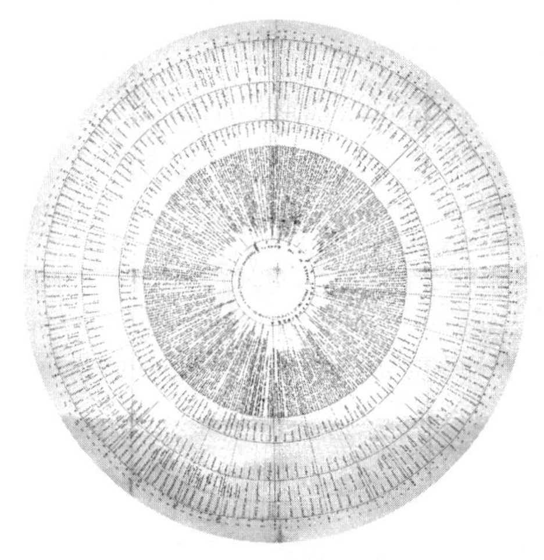

图 5.1　卡米罗和布鲁诺的记忆术

卡米罗的剧院（上）和布鲁诺的记忆轮（左下）（历史学家弗朗西丝·耶茨提供）。罗马鲜花广场的布鲁诺雕塑，他被宗教法庭判处死刑（右下角）。

在文艺复兴时期，从弗朗西斯·培根（Francis Bacon）到笛卡儿和莱布尼茨（Leibniz），他们的文学艺术作品中都记载了记忆术的繁荣[14]。然而，在结束这短暂的历史介绍之前，我想介绍一位相对近代的艺术爱好者，即所罗门·舍雷舍夫斯基（Solomon Shereshevskii），他是有史以来最杰出的记忆术践行者之一（见图5.2）。

图 5.2 亚历山大·卢利亚（左）和所罗门·舍雷舍夫斯基（右）

20世纪20年代，所罗门·舍雷舍夫斯基在莫斯科一家报社当记者。一天，他拜访了年轻的亚历山大·卢利亚（Alexander Luria）（后来成为俄罗斯最著名的心理学家之一），诉说了一个事实，尽管听起来很奇怪，即他无法忘记。当持怀疑态度的卢利亚决定测试一下舍雷舍夫斯基的记忆力时，他发现舍雷舍夫斯基可以毫不费力地记住30、50甚至70个数字。不仅如此，他还可以从任何一处开始，以正向或反向的顺序背诵这个列表。舍雷舍夫斯基只是在简单地阅读之后就能记住这些序列，无论是数字、单词、声音还是无意义的音节。卢利亚对舍雷舍夫斯基的迷恋如此之深，以至于他研究了这个人30年，并且证实舍雷舍夫斯基在学习了这些序列之后，可以把它们保存在他的记忆中多年，甚至他事先并不知道他还会再被问到这些序列[15]。

舍雷舍夫斯基惊人的记忆力是由于他使用了位点记忆法，以及一种非常强的联觉。有联觉的人会混合来自不同感官的知觉，例如，把数字和颜色联系起来——“看到”3是紫色的，4是黄色的，等等。然而，在舍雷舍夫斯基的例子中，这些联想更进一步，每个字母、数字或单词都引发了视觉图像、声音、味道和触觉的雪崩。据卢利亚报道，舍雷舍夫斯基不仅能通过唤起的图像来识别和记忆单词，还能通过这些图像唤起的整个复杂的联想来识别和记忆单词。在舍雷舍夫斯基看来，每个数字都对应着特定的形象：1是个骄傲的、体格健壮的人，2是个意气风发的女人，3是个忧郁的人，6是个脚肿的人，7是个有胡子的人，8是个非常胖的女人，“一个袋子里套着一个袋子”，等等。

由于他的联觉，舍雷舍夫斯基很自然地就使用了位点记忆法，这些图像已经存在于他的脑海中，并且留下了极其丰富的细节。为了记住一系列物体，舍雷舍夫斯基将它们分布在他家乡的一条街道或莫斯科一条著名的大道上。这样做之后，他就只需要进行一个精神上的散步，大声背诵出他看到的即可，就像古代的演说家，只不过比他们更精确。我将不再详述舍雷舍夫斯基惊人的记忆力，这在卢利亚的书中已经有过精彩的描述。然而，我想和卢利亚一样，讨论舍雷舍夫斯基案例中一个非常有趣的方面：拥有这样的记忆会有什么后果？

舍雷舍夫斯基最终开始了职业记忆师的生涯。在一晚上的几场演出中，他会背诵观众在黑板上为他写下的列表，这些列表开始折磨他，因为它们在他的记忆中没有明显的界限。舍雷舍夫斯基受到的折磨不可避免地让人想起了富内斯，他是博尔赫斯短篇小说中的虚构主人公，我们在前一章中讨论过，当时我们强调了遗忘的重要性[16]。在从马背上摔下来并撞到他的头之后，富内斯变得能够记住所有的事情。这种能力对古罗马演说家来说是天赐之物，被普林尼（Pliny）描述为近乎英雄式的、一个人所能拥有的“大自然最伟大的礼物”。但对富内斯来说，它不仅是一种障碍，甚至是一种诅咒。事实上，博尔赫斯认为富内斯“思维能力不强”。思考就是忘记差异而进行概括和抽象。[17]

正如富内斯的记忆最终变成了“一堆垃圾”，卢利亚也描述了舍雷舍夫斯基由于强大的记忆力而经历的磨难，以及他试图忘记的自相矛盾的努力。舍雷舍夫斯基的记忆完全依靠视觉想象，没有内在逻辑。例如，他被要求记住一组单词，其中包括几种鸟类；后来又被要求记住另一组单词，其中包括几种液体的名字。他能毫不费力地说出两个单词列表，但无法说出第一个序列中的鸟和第二个序列中的液体。还有一次，卢利亚给舍雷舍夫斯基看了一个列表，他通过视觉记忆的力量完全记住了这个列表，但没有注意到它是由连续的数字组成的。

舍雷舍夫斯基缺乏推理或抽象思考的能力，这意味着他无法理解他所读的内容。虽然他能死记硬背很长的段落，而且能记住很多年，但他不能把一本书的内容抽象得足以理解它的意思。换句话说，普通民众只记住了几个事实，通过抽象和推断，他们就可以继续跟随故事的发展，但舍雷舍夫斯基不得不对抗由每个单词引发的压倒性的和不可控的记忆和联想，这阻碍了他试图获取阅读的意义。此外，舍雷舍夫斯基有时无法避免地注意和记住与他谈话的人的语调的细微变化，因此无法理解他们说话的内容。

更令人吃惊的是，舍雷舍夫斯基发现他很难记住面孔，因为正如他所说的，“人们的面孔不断变化，还有不同表情的变化……使我很迷惑。”

19世纪晚期，英国精神病学家约翰·兰登·唐恩（John Langdon Down）曾报告过几起与富内斯和舍雷舍夫斯基类似的病例。他因发现了一种综合征而闻名，此征还包含了他的名字。例如，他描述了这样一个案例：一个男孩能背诵吉本（Gibbon）的《罗马帝国衰亡史》（*Decline and Fall of the Roman Empire*），却不理解他所背诵的内容。唐恩把这种现象称为“语言粘着”——没有理解的记忆。在这些所谓的“记忆天才”（savant）们中，最有名的可能要数金姆·皮克（Kim Peek）了，他的人生故事就是电影《雨人》（*Rain Man*）的原型，他也因此成为名人。皮克的记忆力被一次又一次地测试，和舍雷舍夫斯基一样，显然是无限的。他能记住美国数千个城镇的邮政编码和区号，以及当地电视台和附近高速公路的名称；他有无限的能力回忆出过去2 000年的历史事件；他可以按正确的顺序说出所有英国君主的名字，还能说出任何一场棒球赛的日期；他可以回答有关美国和世界历史、世界各国领导人的生活、地理、电影、男女演员、音乐（他可以辨别出每首他听过的音乐，说出它被创作的日期、作曲家，并且给出作曲家的出生日期和死亡日期）、运动、文学、圣经故事等的任何问题[18]。然而，和舍雷舍夫斯基一样，金姆·皮克的推理能力非常有限。据估计，他已经记住了几千本书的内容，但他没有读过小说，也没有读过任何需要想象力或不只是记忆力的书。相反，他只阅读那些描述事实、没有歧义或解释余地的书籍。

我们已经看到，大脑选择和处理的信息相对较少，而且是以一种冗余的方式，目的不是严谨地复制，而是提取意义。从这个意义上说，“记忆天才”的思维更接近于计算机的行为。就像电脑一样，“记忆天才”的大脑不会过滤信息，只是逐字逐句地记录每个细节，而不会建构意义，因此最终也无法理解它们。

第6章

我们能变得更聪明吗

我们将讨论我们使用了多少大脑、训练我们记忆的价值（如果有的话）、数码设备和互联网及我们现在所面临的信息爆炸带来的影响、记忆和理解之间的差异，以及教育系统中创造力和记忆的（误导性）使用。

即使是一本自助书，这一章的标题听起来也很大胆。然而，这本书的目的不是对如何使用大脑提供建议，而是描述大脑工作的某些方面，特别是记忆的工作方式。那么，为什么要为这一章选择如此大胆的标题呢？因为我认为有件值得去做的事，就是去分析，甚至去揭穿一些充斥在自助性文献资料中的神话，这些神话通常被人用作“训练大脑”。在我个人看来，这些神话与其宣称的成效相去甚远。当我撰写本章的时候，我意识到我似乎是自相矛盾的。毕竟，我花了将近整整一章的篇幅来赞美位点记忆法——帮助记忆的人工技术的神奇之处。然而，我认为，对这种方法的历史性和科学性的分析阐明了记忆工作方式的一些基本原则，而且说明了记忆从古至今的重要性。在古代，人们的兴趣集中在获得有助于演讲和向一个文本稀缺的世界提供信息的能力。今天，我们应该关心的是记忆在教育中的适当作用，以及把记忆外包给各种各样的电子用具的后果，最重要的是，互联网正在如何影响着我们的大脑。

我们经常听说我们只用了大脑的10%。面对这一说法，一个自然的反应是想知道我们是否可以通过学习使用更多的大脑来使自己变得更聪明。这也是电影《露西》（*Lucy*）的设定。在这部由吕克·贝松（Luc Besson）执导的电影中，斯嘉丽·约翰森（Scarlett Johansson）学会了使用她日益增长的精神能力，直到她的脑力发展成心灵感应能力。撇开《露西》及其完全不科学的假设不谈，我想将本章标题中提出的问题重新定义为一个更加务实和具体的问题：我们能否训练我们的记忆以利用更多的神经元？增加我们使用的神经元数量会让我们变得更聪明吗？

让我们一步一步来。我们只用了大脑的一小部分这种观点是不正确的。我们都用，虽然不是一直都用。换言之，虽然我们的神经元在任何给定时刻都只有一小部分处于活动状态[1]，但几乎所有的神经元都在需要执行其负责的功能的某个时刻处于活动状态。如果我们同时使用我们的整个大脑，同时激活所有的神经元，则不仅需要一汤匙接一汤匙的糖来提供如此高水平的神经元活动所需的葡萄糖[2]，而且不同神经元的特定功能也会变得混乱。因此，同时激活我们所有的神经元对提高我们的智力毫无帮助。事实上，许多癫痫发作的特征就是广泛的神经元被激活。关于癫痫还有很多东西需要了解[3]，但是一些基本的机制已经被很好地理解了。癫痫发作往往是从大脑某一特定区域的病理活动开始的，被称为癫痫灶。这些神经元的异常活动会扩散到邻近区域，最终扩散到大脑的其余部分（或至少相当大的一部分）。当癫痫发作开始时，神经元疯狂地放电，脑电图扫描显示振幅急剧增加，类似于地震期间的地震读数。这时，大脑中远超10%的神经元是活跃的，但是大脑的主人并没有获得露西的超自然能力，反而失去了意识，在大多数情况下，事后什么也记不起来。

既然已经确定了一次使用更多的大脑并不是获得精神优势的途径，我们就可以问自己是否值得费心去记住更多。一方面，当我们在上一章中研究舍雷舍夫斯基、富内斯和“记忆天才”们的案例时，我们发现记忆太多会导致严重的精神障碍；另一方面，我们中那些没有舍雷舍夫斯基的联觉、富内斯的头部受伤或“记忆天才”们不寻常的头脑的人，也许能够停止过度记忆，把我们的记忆训练成有益的东西。我们有多少次因为记不起某个词而沮丧呢？我们是否经常去厨房取一件东西，但当我们到了那里，却发现自己记不起我们需要拿的是什么了？

不同于那些“记忆天才”或舍雷舍夫斯基，“记忆冠军”是正常人，是每天花许多小时锻炼他们的记忆能力的人。多米尼克·奥布莱恩（Dominic O’Brien），一位8届世界记忆冠军[4]，在2002年成功地记住了洗牌后54张牌的顺序。他说，他的记忆训练使他能够回忆起聚会上100个新人的名字，不用日历也能记住约会，或者不用笔记就能记住演讲的内容[5]。请问，考虑到他花了很多时间来获得这些技能，这些技能值得吗？我并不是要小看能记住54张牌的成绩，也不是要贬低能记住π的小数点后10万位数（这不是打字错误，就是π小数点后10万位数）的日本工程师和治疗师原口明（Akira Haraguchi）的成绩。我也不想去评判记忆冠军们为实现这些成就付出如此多努力的选择，毕竟，人们可以随心所欲地利用自己的时间。一个专业的记忆专家可能争辩说，记住洗牌后的卡片并不比看着22个人在足球后面奔跑更荒谬。把时间花在练习位点记忆法上，并且陶醉于它给我们的记忆能力，这是没有错的，它甚至可以作为一种集中注意力的工具。然而，我想评论一下这些技巧在日常生活中的用处。要强调的是，这些技巧不仅不能使我们变得更聪明，甚至不能增强我们的记忆力。虽然保持大脑的活跃是有益的（就像吃健康的食物或保持身体健康一样），但用一种特定的增强记忆的方法进行训练对大脑来说并不比读书、学习语言或下棋更好。请注意，我说的是“用特定的方法进行训练”，和大多数人认为的不一样[6]，记忆训练只会在这些练习中提高表现，换句话说，它们能让你的大脑记住受训中特定的记忆，但这种提高不会迁移到其他任务和我们的整体记忆能力中。

多米尼克·奥布莱恩是活着的记忆专家中的一个传奇人物。让我对他在上面声称的好处做两个具体的评论。首先，为了能记住聚会上100个人的名字，你必须努力才能做到这一点。换言之，当其他客人在享受派对和与他人交谈时，记忆者必须花时间专注于记名字。这就是问题所在：在日常生活中，运用这些技巧既不容易也不有趣[7]。不管我们花多少时间练习记忆法，我们还是会忘记我们从厨房中想要拿什么，并且会不断地苦记那个讨厌的词[8]。避免这种情况的唯一方法是明确地、持续地努力记住每件事——一个令人沮丧的，甚至完全不可能的事业。其次，我们还不清楚不使用日历或购物清单有什么好处。如果一个医生有一个办公室助理，他不想记住他的预约，他可以把这个任务委托给他的助理，把精力集中在照顾他的病人上。同样地，如果我能将信息管理委托给现代化设备，为什么不这样做呢？如果我能在日历上或电脑上输入会议的日期和时间，那么致力于记住这些会议的日期和时间有什么意义呢？

问题是，无论我的记忆力有多好，记住姓名、约会或电话号码的工作仍然需要努力，需要使用可更好地用于其他任务的大脑资源。如果我的所有即将召开的会议都在脑海中飘荡，我将无法集中精力处理更重要的事情。举个例子。

我想通过讨论互联网和教育系统来结束这一章……说到这里，明天我和大学的副校长约好讨论我的研究中心的经费问题……哦，后天我要去见一个同事，他想讨论别的事情（什么事来着？），然后在星期五我会遇到一个新学生……在这一章中，有必要分析记忆在学校中的使用，特别是互联网的使用……我明天和副校长见面后还要去见其他人……是谁来着？我把那次会议和下周的会议搞混了吗？

这听起来有点夸张，但事实上，当我们同时处理多个任务、思考和记忆许多不同的事情时，大脑就是这样运作的。当然，我们可以同时记住约会、写书和执行许多其他任务。的确，经过训练之后，记住约会等所需的努力可能变小。然而，无论这一努力有多小，它仍将占用我们本来可以用在其他地方的脑力资源。此外，训练可能使我们更容易记住约会，但除非我们定期复习记忆中的内容（没有什么比不断检查时钟以确保开会不迟到更令人恼火的了），否则我们迟早会忘记的。锻炼大脑是一件好事[9]，但是还有其他方法，也许比训练大脑记住数字、日期、名字或单词列表更有用。

关于如何提高记忆力的讨论让我想到了我们这个时代最重要的工具之一，也是一个备受争议的话题——互联网。你可能不止一次地问自己：这项新技术是如何影响我们的大脑，特别是我们的记忆的？令人惊讶的是，这个问题柏拉图很久以前就已经考虑过了，显然不是关于互联网的，而是关于写作的。在《费德鲁斯》（*Phaedrus*）中，柏拉图叙述了苏格拉底和费德鲁斯在伊利苏斯河岸边的对话，讲述了埃及国王塔穆斯（Thamus）如何拒绝特乌斯（Theuth）神给他的礼物：

但当他们书写的时候，特乌斯说，这会使埃及人变得更聪明，给他们更好的记忆。这是一个记忆和智慧的具体体现。塔穆斯回答说：最聪明的特乌斯啊，一门艺术的发明者或创造者并不总是能对其发明对于使用者的效用或无用性做出最好的判断。在这种情况下，作为文字之父的你，由于对自己孩子的爱，已经被引导去赋予他们一种他们无法拥有的品质。因为你的这一发明将在学习者的灵魂中创造遗忘，因为他们不再使用他们的记忆，他们会信任外部的文字，却不会自己去记住。你所发明的具体事物不是帮助记忆，而是帮助回忆。你给你的门徒的不是真理，而是真理的表象。他们会听到很多事情，却什么也学不到；他们看起来无所不知，却通常什么也不知道；他们会是令人厌烦的伙伴，看起来拥有智慧，实际上却没有。

——柏拉图,《费德鲁斯》[由本杰明·乔维特（Benjamin Jowett）翻译]

柏拉图显然很担心书写最终会影响记忆。我们只需要在前面的引文中将“文字”替换为“互联网”，就可以看到柏拉图在21世纪这个备受争议的话题上的立场了。但是，虽然我们可能没有柏拉图的聪明头脑，但我们确实有一个他没有的优势：超过2 500万年的经验显示了书写的价值，因此，应该避免对互联网进行过于草率的判断。

我们也可以把互联网的出现比作古腾堡（Gutenberg）在15世纪发明印刷机所引发的革命。互联网及其周围涌现出的电子用具，让人指尖上似乎有着无限的信息来源。印刷机能传播以前仅限于少数图书馆拥有的书籍。在古腾堡之前，“订购”一本书意味着手工抄写这一漫长而昂贵的过程。在古腾堡之后，书籍开始出现在个人收藏中。如今，没有人担心拥有一个大型家庭图书馆的便利性可能降低我们的智慧。

那么，为什么我还要费心去记住我几乎可以立即在网上找到的名字、事件和日期呢？当手头有一个计算器时，使用记忆就和使用计算尺一样过时。然而，有一个关键的区别：互联网并不能取代我们的记忆，它只是对记忆的补充。计算器使计算尺完全过时，教人如何使用它毫无意义。如果我们有一个计算器，那么学习使用计算尺是得不到什么的。但记忆则不同。谷歌搜索可能更全面、更准确，有时甚至比我们大脑的记忆搜索还要快。然而，互联网并不像我们那样处理它传递给我们的内容，理解仍然必须由用户来提供。

在前一章中，正如我所讨论的拉文纳的彼得，我不太关心他的《凤凰城》到底是什么时候出版的，但我确实说过，那是哥伦布发现新世界的前一年，因为这一事件把一切都放在了上下文中。计算机不进行这种推理，这种推理的基础是从信息中提取意义，并且根据这种意义与其他信息建立联系。当我第一次知道一个事件的日期时，我需要对它进行处理，以便将事件置于上下文中；之后，我可能根本不需要记住日期。我的兴趣在于记住上下文和我建立的联系，毕竟精确的日期只须点击鼠标即可获得。与使用计算尺的过程不同，将信息置于上下文中并建立关联的过程是至关重要的，因为它是思考的关键。

在之前的一本书中[10]，我讨论了我们通过短信、电子邮件、推特、WhatsApp、脸书等方式受到的信息轰炸。据估计，我们每天接触到的信息相当于174份报纸，是20世纪80年代的5倍[11]。我们随身携带手机，不断地与这些信息联系在一起。我们甚至得了一种新型的网络瘾，迫使我们在收到每条新信息后立即查看它。即使我们几乎可以肯定这个最新的电子邮件并不重要，但我们能等多久不去看它呢？没有手机或知道手机没电而不去寻找充电插座，这样的状态我们能坚持多久？

互联网的危险就在于此：它是无止境的。它提供了比我们可能消耗的更多的可用信息，从一个页面到另一个页面是很有诱惑力的，我们在每个页面上只花几秒钟，而不花必要的时间来处理这些信息。我们用肤浅的阅读代替理解。互联网和21世纪的小玩意是强大的工具，但我们必须小心保持对它们的控制，抵制住屈服于它们所强加的疯狂节奏的冲动[12]。让我们借用视觉媒体世界的一个类比。音乐视频可能以一种急促的节奏从一个镜头移动到另一个镜头，不断地变换角度，毕竟这通常没有什么可说的，更多的是为了给歌曲创造视觉印象。而安德烈·塔尔科夫斯基（Andrei Tarkovsky）的一部电影节奏缓慢，给了观众足够的时间来吸收更深层次的信息。它以一种更持久的方式激发我们的想象力，让我们思考。

虽然我们还没有真正定义什么是智能（一项非常重要的任务），但现在很明显，它与记忆容量有很大的不同。尽管如此，不管我们是否有意，我们还是倾向于把记忆和智能联系起来[13]。记住历史事件、哲学论据和文学作品的人通常被认为是聪明的。这是一个错误的概念，也许是因为聪明人往往求知欲强，因此更可能学习（和记住）这些东西。

重要的不是我们记得多少，而是我们怎样记。在我看来，智能与创造力、注意新事物、在不同事实之间建立意想不到的联系密切相关。艾萨克·牛顿（Isaac Newton）的天才之处在于他认识到，使苹果从树上掉下来的力，与使月球保持在绕地球轨道上的力是一样的，都是引力。几个世纪后，阿尔伯特·爱因斯坦（Albert Einstein）在他的广义相对论中发现了另一种令人震惊的关系，他注意到引力的作用与太空飞船在外层空间的加速或当电梯开始移动时我们在其中感觉到的拖拽是没有区别的。

事实上，试图死记硬背只会分散我们对真正重要的事情的注意力，使得我们不能专心于深入理解含义和注意到关联关系，而这些才是构成智能的基础要素。位点记忆法对我们理解记住的东西毫无帮助，它只是一个记忆的公式。事实上，它与理解相互竞争。正如我们在前一章中所看到的那样，舍雷舍夫斯基能够毫不费力地用位点记忆法记住一个清单，却不能掌握它的内容，无法从单子中挑出液体，或者在另一种情况下，无法意识到他已经记住了一系列连续的数字。使用位点记忆法来存储这些列表，使得舍雷舍夫斯基没有大脑空间去做我们能下意识完成的任何分类（人、动物、液体等）或在数字列表中找到基本模式。要想有创造力和智慧，我们必须超越单纯的记忆和采用完全不同的方式——我们必须吸收概念并获得含义。专注于记忆技巧限制了我们理解、分类、语境化和联想的能力。和死记类似，这些方式也有助于巩固记忆，但更为有用和精致。这些方式才是教育系统应该发展和鼓励的。

我们已经看到了记忆在古代的重要性，特别是作为演讲的工具。我们还看到，今天它的重要性更多是相对的。然而，奇怪的是，记忆是我们目前的教育体系所培养和奖励最多的能力，就好像我们一心想让学生成为古罗马的参议员一样。学生们被从一个主题突然转移到另一个主题，不断地被考察着复述事实的能力，而这些事实几天后将不可避免地被忘记。我们被告知许多开国元勋的名字、相关的日期和地点。我们重复这些信息，直到它们被暂时地用于记忆，在考试中照搬，然后继续学习南美主要河流和山脉的名称和位置，或不同类型三段论的名称和定义。我们不仅要记住大量的信息，而且要准确地评估我们的记忆能力。通过使用记忆技巧来提高成绩的备考课程和辅导中心只会加剧问题的产生。我们学习如何记忆，而不是推理。试图记住这么多内容就好比逆流而上，对抗遗忘的必然性。它会从我们的思考能力中窃取大脑资源，这远不是我所认为的“学习”。我们应该评估和重视处理信息的能力，而不仅仅是重复信息。

加州理工学院教授、我的神经科学导师之一理查德·安徒生（Richard Andersen）曾经说过，一次讲座最多应该传达1～2条广义的信息。理查德不研究记忆[14]，但是，作为一个有天赋的演讲者，他已经明白，试图传达多条信息只会使听众感到困惑，减少信息被记住的可能性。当然，在一个小时的谈话中，我们必须做的不仅仅是背诵一两条信息（这只需要几秒钟）。谈话的内容必须以其目的为目标，通过丰富和易记的方式讨论出一两个想法。在我看来，好的公开演讲的秘诀在于，充分了解这些想法是什么，并且以一种确保听众在一周、一个月甚至几年后都能回忆起来的方式来传达这些想法。人们可以用生动的细节来修饰谈话，也许其中的一些细节，如果让某个特定的听众觉得值得注意的话，将来会被记住，但这些细节应该强化主要思想，而不是与之竞争。

当然，这些是我个人的看法，不是绝对的真理。我当然不是第一个有这种观点的人；毕竟，说学校应该教学生思考而不是背诵已经有些老生常谈了。也许神经科学对这场争论的最大贡献是发现人类大脑处理和保留信息的能力非常有限。一个老师尽最大努力完成全年的课程，因为他希望他的学生能学完整个科目。他可能不知道的是，不管他的学生们多么努力，他们在一段时间后将无法记住他们学到的很多东西。如果他教授的主题很多，一个接一个，他将涵盖广泛的学习计划，但几乎没有什么会长时间留在学生们的记忆中。选择几个主题并反复充实它们，而不是从一个主题跳到另一个主题，可能更有效。也许，就像在演讲中一样，他可以添加细节和相关内容，但他应该始终保持将他决定关注的核心概念放在前面和中间，并且一次又一次地回到这些概念上，因为这些是他的学生们要记住的。

正如我们在第4章中所看到的，艾宾浩斯在19世纪末表明，重复有助于巩固记忆。然而，我所指的那种重复，一遍又一遍地重复同一个主题，与帮助记忆的重复大不相同。事实上，我提出的重复观点与要求学生从记忆中一遍又一遍地重复同样的事实恰恰相反。我认为同样的主题应该被多次覆盖，但是应该通过不同的关联，在不同的上下文中，有不同的细微差别。与死记硬背相比，正是这些语境和联想使记忆更加牢固和深刻。回想我之前提到的拉文纳的《凤凰城》，我不需要上网或翻阅我的书就可以确定它是在1491年出版的。我也没有使用位点记忆法或其他一些记忆辅助手段来记住日期。我把日期放在上下文中，那是哥伦布发现美洲大陆的前一年。这种关联使得这个日期是我几乎无法忘记的，而且，这个关联本身比涉及4位数的一些记忆规则要有用得多。今后我与哥伦布航行的任何联系，都将进一步巩固他发现美洲大陆的日期，并且有助于使美洲大陆成为我记忆中的支柱之一，围绕美洲大陆在记忆中建立一个联系网。

正如威廉·詹姆斯和亚里士多德在《论记忆与回忆》（*De Memoria et Reminiscentia*）一文中所说的，关联是巩固记忆的强大机制。如果我生成关联和上下文，我可能不记得某个特定的事件，但我可以从记住其他相关的事件开始，通过关联到达我正在寻找的事件。詹姆斯写道：

如果我们没有这个想法本身，我们就有一些与之相关的想法。我们一个接一个地思考这些想法，希望从其中的某一个能提取出我们正在寻求的想法。如果从其中任何一个提取出了想法，那么它总是与这个想法联系在一起，以联想的方式把这个想法唤醒……因此，“好记忆的秘密”就是对我们所关心和要保留的每个事件形成多样和多重联系。但这种与事件关联的形成，除了尽可能多地思考事件，还能做什么呢？[15]

值得注意的是，我所描述的在教育体系中的问题主要存在于人文科学和软科学。硬科学中的教学过程和评估方法则更为合适，因为测试学生是否记住了给定的公式是没有意义的。相反，硬科学的知识通常是用问题来测试的，在课堂作业和考试中，学生需要解决其中的许多问题，在不同的情况下使用相同的公式。当他们将相同的公式应用于不同的问题时，学生们超越了重复的信息，开始理解它的含义。他们了解到重要的不是很好地执行计算或记住常数的值，而是知道何时以及如何使用公式根据它的陈述来设置问题，了解被问到的问题以及如何得出结果。这对一个孩子来说是最困难的任务，理解“4 × 8”和问如果每个兄弟姐妹每月挣8美元，4个兄弟姐妹每月一共挣多少钱是同一个问题。为了解决类似后者的问题，孩子们必须执行我们所看到的对学习和记忆至关重要的抽象和意义提取过程[16]。

在这一章中，我讨论了几个话题，但得到的经验是一样的：大脑的容量有限，我们应该把它的资源集中在理解和思考的过程上，而不是集中在记忆上。新技术总是令人喜忧参半。升降商用客机的原理与让轰炸机飞行的原理相同。同样地，原子反应可以使城市在夜间保持明亮，也可以在几秒钟内摧毁它。互联网和我们21世纪的小电器没什么不同。一方面，这些技术让我们将记忆和低级的功能委托给它们，以便集中精力思考更重要的问题；另一方面，它们也给我们带来了信息的狂轰滥炸（而不是同化），这对我们的思维能力是有害的。这些技术消耗了我们休闲的时间，这些休闲时间看似无聊或毫无成效，却很可能是我们最具创造力的时刻的源头。然而，我们也确实可以更明智地使用互联网，毕竟我们决定着打开和关闭智能手机的时间，是我们用滚动的手指来决定在线阅读或浏览的速度。这些技术可以辅助我们理解，但不能取代理解。我们必须学习成为它们的主人，而不是它们的奴隶。在我们所接收到的信息量上有一个平衡点：信息太多会充斥着我们的大脑，从而没有思考的空间；而信息太少则会使我们的思维发展没有一个好的平台。我们必须在教育中达到这样的平衡：能集中精力巩固一套相对较少的思想，并且使之成为学生们可以编织各种联系和背景的支柱。我们还必须避免海量和肤浅地对一个又一个主题进行处理，这种做法只奖励死记硬背，并且阻碍那些真正更坚实的知识支柱的形成。

第 7 章

记忆的类型

我们将介绍记忆的不同分类、多存储记忆模型、H.M.的案例及陈述性和程序性记忆之间的区别。

我记得如何骑自行车、开车、计算积分，我还记得贝多芬第五交响曲的小节、我上一个生日、我母亲的名字，以及我想在这一章的导言中写些什么。这些记忆在本质上都一样吗？它们是否都涉及大脑中相同的脑区和过程呢？我们很快就会看到，答案是否定的。

记忆的不同分类可以在任何一本关于这一主题的教科书中找到[1]。我们有语义记忆、情景记忆、视觉记忆、听觉记忆、短期记忆和长期记忆、情感记忆和工作记忆等，对这些记忆类型的详尽描述超出了本书的范围，但我想至少概括一下它们之间最重要的区别。在第4章中，我们描述了艾宾浩斯如何区分短期记忆和长期记忆。短期记忆（short-term memory）持续几秒钟，使我们能够意识到当前发生的一连串事件。通常，这些事件不会成为我们过去经验的一部分。长期记忆（long-term memory）持续数分钟、数小时或数年，并且储存着我们的经验。经验使我们能够将过去的事件带回到现在，意识到我们曾经经历过。我们也看到了重复是如何巩固记忆，把短期记忆变成长期记忆的。我们的大部分短期记忆会很快消失，但正如我们将看到的，最戏剧性的记忆丧失发生在更早的时候。

1960年，美国心理学家乔治·斯珀林（George Sperling）发表了一系列简单而聪明的实验结果[2]。斯珀林首先让受试者短暂地瞥见一系列字母（例如，在一张3×4的表格中显示12个字母，持续50毫秒）（见图7.1），然后让他们尽可能多地回忆这些字母。结果受试者能记住三四个字母。在第二个测试中，斯珀林要求受试者回忆3行中某一行的字母。他们被告知，当表从视线中消失后，他们会立即听到高音、中音或低音，以指示他们应该回忆上、中或下行中的哪一行。由于他们不知道在看表格的时候会被问到哪一行，原则上，人们会预期受试者只记住一个或最多两个字母，这是他们以前记忆的1/3，但令人惊讶的是，他们又能回忆起三四个字母。

T	D	R	V
S	R	N	L
F	Z	R	H

图7.1 斯珀林用来研究感官记忆的字母表格

根据这个结果，斯珀林推断，受试者最初只是暂时地在记忆中存储了一整张表格的图像。这使得他假设存在一种先于短期记忆的感官记忆，使一个人能够在非常短暂的时间间隔内保留信息，而且这种感官记忆，即大脑中字母表的图像，在重复三到四个字母的过程中就会被抹去。这就是为什么当被要求回忆某一行的字母时，受试者往往能记住那一行所有的4个字母，而当被要求回忆整张表格12个字母时，也只能记住相同数量的字母。

根据斯珀林的实验，我们可以推断感官记忆通过注意机制转变为短期记忆：一旦受试者听到某一行的提示音后，他们就可以专注于该行，并且丢弃其余的部分。斯珀林在不同的时间间隔后播放提示音，发现随着看表和听音之间的延迟增加，复述特定行字母的能力显著下降，这表明感官记忆只持续了一瞬间。换句话说，感官记忆给了我们一个非常短暂的窗口，在这个窗口中我们可以保留我们所关注的一切，继续形成我们的短期记忆，即构成我们现在的思绪。然后，那些我们重温和巩固的东西会铭刻在长期记忆中，继续成为我们对过去的认识。这是被称为阿特金森-希夫林模型（Atkinson-Shiffrin model）[4]的基础（见图7.2）。

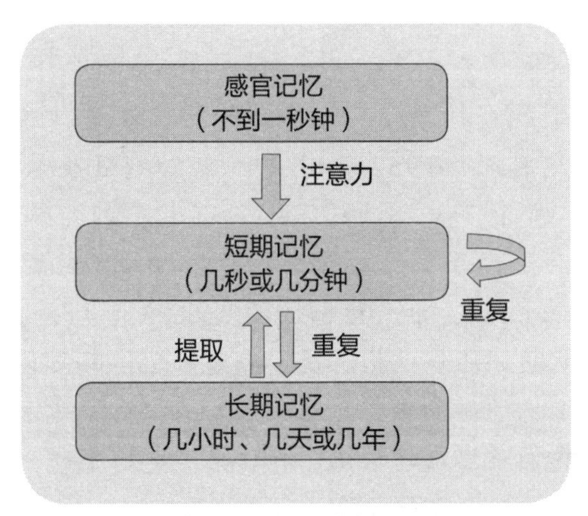

图 7.2　阿特金森－希夫林的三元记忆模型

因此，我们根据记忆的持续时间可对其进行第一次一般性的分类：感官记忆、短期记忆和长期记忆。对于这些类型，我们可以添加一些细微差别，比如工作记忆（working memory）——我们根据需要用来存储临时信息的记忆类型。例如，在执行一个心算时（如果我心算17×3，我可以从计算7×3开始，暂时存储这个结果，然后计算10×3，再把这两个结果相加得到答案，21+30=51）。不同类型的记忆之间最重要的区别来自对一个单一的、独特的案例的研究。

亨利·莫莱森（Henry Molaison，简称H.M.）在头部遭受严重打击后，10岁时患上了癫痫，并且在青少年时期恶化。1953年9月，神经外科医生威廉·斯科维尔（William Scoville）为了控制其癫痫发作，做了最后一次手术，切除了莫莱森两侧大脑的海马体（hippocampus）和邻近脑区（见图7.3）。海马体是一种海马状的脑组织结构，通常与癫痫发作有关。手术确实阻止了他的癫痫发作，也从根本上改变了神经科学的历史和我们对记忆的认识，同时把不幸的亨利·莫莱森变成了科学史上最著名的病人。

手术后，H.M.一开始看起来恢复正常，但很快就暴露出一个可怕的缺陷：他既认不出医院的工作人员，也记不起日常事件。H.M.已经无法形成新的记忆[5]。

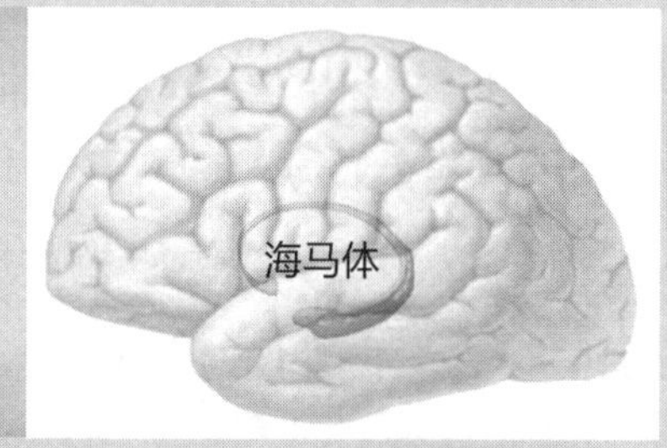

图 7.3　H.M. 手术前不久的照片和海马体

海马体位于大脑半球内的一英寸处，与耳朵的高度大致相同。

在手术一年半后进行的心理测试中，H.M.估计日期是1953年3月（当时是1955年）并说他27岁（实际上是29岁）。他无法理解生词的意思，也无法认出手术后遇到的人，他甚至不知道有人给他动过手术。另外，他的视觉感知和推理能力（只要不需要使用记忆）是正常的。他进行谈话也没有问题，这表明他的短期记忆工作正常，因为没有它，就不能造句、说话连贯，或者理解别人在说什么。事实上，H.M.可以重复六七个数字的序列，在很短的时间内也能记住别人告诉他的事情。但唯一能延长这些记忆的方法就是不断重复，一旦他把注意力转移到其他事情上，就会失去这些记忆。

H.M.的案例提供了毋庸置疑的证据，证明海马体对长期记忆的形成至关重要。但是H.M.对我们理解记忆的贡献远不止于此。加拿大心理学家布伦达·米尔纳（Brenda Milner）多年来一直在研究H.M。当她测试他学习新技能的能力时，每次都要先自我介绍，就好像她是一个完全陌生的人一样。她让他沿着两颗同心星之间的轮廓画一条线，重点是要求他同时只能看镜子里面自己的手和画。在多次尝试后，H.M.在这项任务中的表现有所提高，这让每个人都感到惊讶，包括H.M.自己，因为他每次都不记得以前做过这项任务。他是如何通过不记得的练习得到进步的呢？

米尔纳的研究结果表明，在运动任务中存在着一种独特的记忆形式，这是我们用来骑自行车、系鞋带或开车的程序性（procedural）或内隐记忆（implicit memory）的一部分。这种记忆不依赖海马体。H.M.的大脑海马体已经通过手术被移除。相反，陈述性（declarative）或外显记忆（explicit memory）、对事实和事件的记忆、可以命名和有目的地回忆事物，确实依赖海马体，H.M.的海马体严重受损。

我们可以对基于持续时间的记忆分类，再进行细分。陈述性记忆又分为语义记忆（semantic memory）（关于人、地点和概念的记忆，使我能够记住法国首都的名字）和情景记忆（episodic memory）（关于事件和经历的记忆，使我能够记住我上一次巴黎之行所做的事情）（见图7.4）。这些是密切相关的，因为，一方面，语义记忆主要是由情景记忆中的重复模式形成的（我在酒吧里看到一位大学同事，在各种研讨会上，走在大厅里，最后，虽然我可能忘记了我遇见他的大部分情景，但我形成了我同事的概念）。另一方面，情景记忆倾向于通过结合概念而形成，或者说，由语义记忆形成（例如，为了记住在酒吧里见过我的同事，我在这两个概念之间产生了关联）。

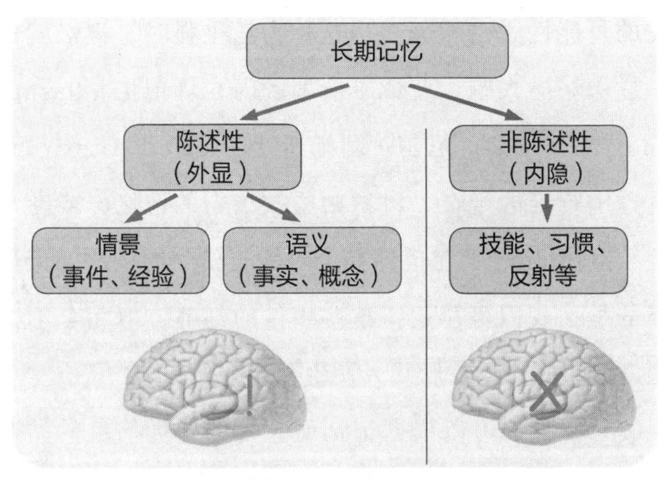

图 7.4 长期记忆分类

长期记忆分为陈述性记忆和非陈述性记忆（有时称为程序性记忆）。只有第一种依赖海马体，它又可分为情景记忆和语义记忆。

非陈述性（nondeclarative）记忆由许多子类组成，其中包括运动技能记忆（motor-skill memory）（对不同的运动能力进行编码，如骑自行车或打网球所需的动作）和所谓的情绪记忆（emotional memory），其中涉及一个与海马体相邻的大脑组织结构，称为杏仁核（amygdala），它允许我们利用过去的经验来回忆（主要是无意识地）我们喜欢或不喜欢某种气味、地方或某种食物。一个特定事件的情绪力量，不管是积极的还是消极的，事实上都与它被记住的可能性紧密相关。当这种力量很强时，记忆就像烙铁一样被烙进大脑，变成了所谓的闪光灯记忆（flashbulb memory），例如，尼尔·阿姆斯特朗（Neil Armstrong）在月球上行走的记忆、世贸中心被袭击的记忆，或者马拉多纳（Maradona）在世界杯上对战英格兰的进球的记忆。奇怪的是，我们可能记得这些事件的细节，但完全不记得这些事件的前几天或后几天发生了什么。

最后，我们可以根据记忆所包含的感觉信息的类型对记忆进行进一步分类。我们有视觉记忆，比如熟悉面孔的特征（位于大脑皮层专门处理视觉刺激的部分），以及听觉记忆，比如喇叭的音色（位于听觉皮层），等等。一个记忆的不同方面可以根据它们所涉及的感觉储存在大脑的不同区域。各种感官提供的信息可以组合成多感官记忆（例如，当我们记住嘴唇的动作和发出的声音“妈妈”时）并在海马体中聚合。还存在着一种更高级的记忆表征，我们的下一章将致力于此——概念的记忆。

第 8 章
大脑如何表征概念

我们将讨论人类的视觉感知通路和单个神经元的记录、“詹妮弗 · 安妮斯顿（Jennifer Aniston）神经元”的发现，以及这些神经元在记忆形成中的关键作用。

在外太空，只有寂静，一种永恒不变的寂静，甚至没有被超新星的爆炸所破坏。声音只存在于宇宙中很小的一部分。值得注意的是，这一部分包括地球——我们的星球。当宇航员在空间站周围的太空行走时，如果空间站被流星雨摧毁，他也完全听不到任何声音。他会像看无声电影一样目睹这些事件。我们感受到的声音是由气压的变化产生的。严格地说，声音并非是在大气中的存在物。听朋友的声音、肖邦的小夜曲、霹雳之声是大脑从耳朵里的细毛振动所产生的神经脉冲中构建出来的。这些细毛的振动把空气压力的变化转化为神经脉冲。如果火星人突然出现在我们的星球上，试图和他交谈是没有意义的，并不是因为他不懂西班牙语、英语或阿拉伯语，他只是不能听到、感知或解释气压的细微变化，因为火星上没有空气，他也不会进化出像耳朵这样的器官。

就像声音一样，颜色在我们周围也并不存在。而实际上存在的是冲击我们视网膜的电磁波，颜色只是我们对这些的解释。在最初的几章中，我们对大脑从我们所看到的东西中提取意义的方式有了一个大致的了解。正如亚里士多德和后来的阿奎那所说的，我们根据外部刺激产生图像（image），然后这些图像又形成概念，而概念则是人类思想的基本单位。但究竟是什么过程产生了这些日益复杂精致的结构？它的物理基础和神经基础是什么？近几十年来，这个引人入胜的话题在神经科学领域占据了主导地位，而我很幸运地参与了对它的研究。

如前几章所述，视觉过程始于视网膜，在视网膜上，光感受器将光子转化为神经元的放电。视网膜神经节细胞的轴突构成视神经，它编码局部对比度，换句话说，是指比周围更突出的点，这些点通过丘脑外侧膝状体核传递到位于大脑后部的初级视觉皮层（V1）。大卫·休博尔和托尔斯滕·威塞尔（史蒂芬·库弗勒的学生，我们在第3章中提到过他）就是在这个区域里，通过对猫和后来的猴子的实验，发现了一些神经元，它们对空间中特定点和特定方向上的线条有选择性地反应，例如，有些是垂直的，有些是水平的。这个发现使他们在1981年获得了诺贝尔奖。就像视网膜细胞的中心环绕结构产生关于局部对比度的信息一样，初级视觉皮层中的这种选择性神经组织产生了关于构成图像的线条的信息。然后，这些信息被称为腹侧视觉（或知觉）通路［ventral visual （or perceptual） pathway］的其他区域进一步处理，直到到达下颞叶皮层（IT）（见图8.1）。在那里，正如在猴子实验中发现的那样，还有更多专门的神经元，它们仅对脸（而不是手、水果或房屋等其他图像）做出反应[1]。因此，沿着腹侧视觉通路的不同脑区的神经元编码越来越复杂的信息：从视网膜中局部对比度的表征，到V1中的边界表征，再到下颞叶皮层中脸的表征。

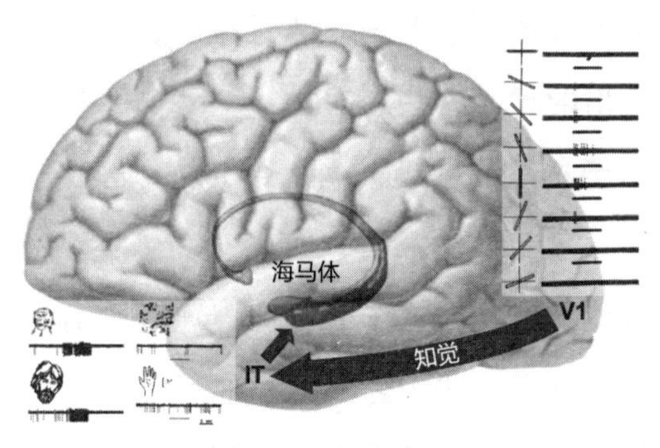

图 8.1 知觉通路

初级视觉皮层（V1）中的神经元对给定方向的线（在本例中是垂直线）做出反应。这些信息通过腹侧视觉（或知觉）通路传递到更高级的视觉区域，最后到达下颞叶皮层（IT）。在那里神经元被发现对更复杂的刺激做出反应，如面部。IT 的信息随后被传送到海马体。

大约20%的癫痫患者无法通过药物控制癫痫发作，有时这种发作会导致生活质量大幅度下降。如果癫痫发作发生在大脑的非重要部位，一种可能的治疗方法就是手术切除所谓的癫痫灶（epileptic focus）。在前一章中，我们描述了H.M.的病例，他的两个海马体在20世纪50年代被切除，以治疗他的癫痫。正如我们所看到的，手术结果是灾难性的，因为手术后H.M.无法形成新的记忆。海马体常与癫痫发作的起源有关，但目前手术切除海马体一般不会造成明显的侧支损伤。不同的是，今天，没有一个外科医生会像H.M.的病例那样从大脑的每个半球切除海马体。相反，医生在确定是哪一边海马体导致癫痫发作之后，只切除这个海马体，而不是两个海马体。

在尝试此类手术之前，准确定位癫痫病灶显然是至关重要的。在某些情况下，这可以根据临床证据和核磁共振成像来完成。在其他情况下，信息是不确定的，有必要在大脑中植入颅内电极（intracranial electrode），以尽可能准确地定位癫痫病灶。植入电极的时间和位置因患者而异，但鉴于上述海马体与癫痫的关系，电极常常被植入那里和周围的结构中，即内侧颞叶（medial temporal lobe）。

加州大学洛杉矶分校通过技术创新发展了颅内电极记

录技术，使我们能够看到人脑中单个神经元的活动。能进行这些研究的机会促使我加入其中成为在加州的一名博士后研究员，与我在神经科学领域的导师之一克里斯托夫·科赫（Christof Koch）展开合作，并且与伊扎克·弗里德（Itzhak Fried）医生合作，他是建立这一研究路线的神经外科医生之一[2]。我们最初的实验原则上非常简单：我们在笔记本电脑上给病人展示了一幅又一幅的图像，同时记录了大约100个神经元的活动，看看是否有任何神经元对这些图像有反应。考虑到上述对下颞叶皮层复杂视觉刺激的反应，并且考虑到这些神经元随后将这些信息发送到海马体和它周围的结构，原则上，我们预计海马体会出现一种非常高级的表征，比对比度、线条甚至面部更复杂。然而，尽管有这些期望，我们的发现却超出了我的想象。就像是在昨天发生的那样，我仍然记得我第一次看到这些反应时的情景。我记得我从椅子上跳起来，惊奇地看着电脑显示器。我第一次看到一个神经元对一个概念做出反应[3]。令人惊奇的是，这个概念就是詹妮弗·安妮斯顿。

詹妮弗·安妮斯顿神经元（Jennifer Aniston neuron），正如目前在科学讨论甚至神经科学教科书中所知道的那样，对这位女演员的7张不同的照片做出了反应，而没有对我们展示的其他照片，包括80位名人，如科比·布莱恩特（Kobe Bryant）、茱莉亚·罗伯茨（Julia Roberts）、奥普拉·温弗瑞（Oprah Winfrey）和帕梅拉·安德森（Pamela Anderson），以及普通人、地方和动物的照片做出反应（见图8.2）。在同一个实验中，同样的实验对象，我发现一个神经元只对比萨斜塔的照片有反应，一个神经元对悉尼歌剧院有反应，一个神经元对科比·布莱恩特的照片有反应，一个神经元更喜欢帕梅拉·安德森的照片，等等。我之所以选择这些照片，是因为这些特定的人和地点对病人来说非常熟悉，而且我的假设是正确的，因为事实证明，众所周知的东西是由更多的神经元表征的（因为它们有更多的记忆和与之相关的联系），而且更有可能引发反应[5]。

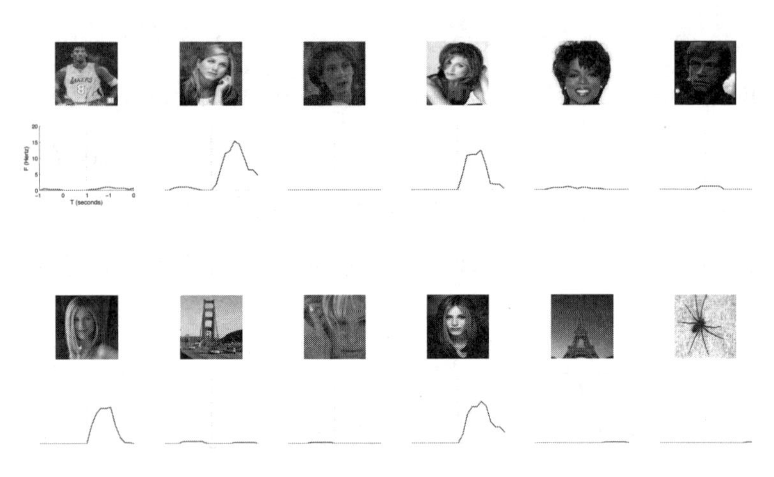

图 8.2 詹妮弗·安妮斯顿神经元

海马体中的一个神经元对詹妮弗·安妮斯顿的不同照片有反应，而不会对其他人、地方或动物的图像有反应。（为了节省空间，我们只展示詹妮弗·安妮斯顿的 7 张照片中的 4 张，以及其他 80 张照片中的 8 张。）粗线条显示了每张照片 6 次展示的平均响应。每张照片都是从时间零点开始向受试者展示的。

在另一个病人身上，我们记录到一个神经元，它只对女演员哈莉·贝瑞（Halle Berry）的照片做出反应，包括她在同名电影中扮演的一个角色——打扮成猫女郎的照片（见图8.3）。后一种反应值得注意，因为贝瑞的脸几乎被完全遮掩了，但病人知道是她，所以神经元也相应地做出了反应。更有趣的是，这个神经元对屏幕上贝瑞的名字也做出了反应，毫无疑问地证明了它是对这个概念有反应，而不是对我们使用的图片中的特定视觉特征有反应。与前一种情况一样，这个神经元对其他人、地方或动物的照片或任何其他书写的名字都没有反应。

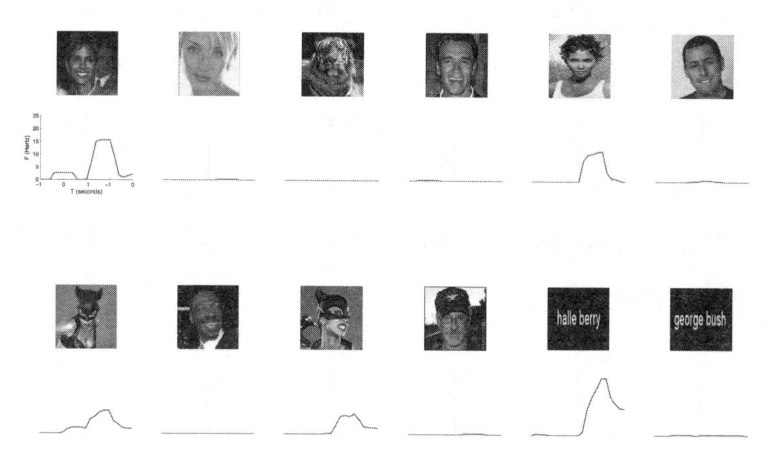

图 8.3　哈莉·贝瑞神经元

海马体神经元对哈莉·贝瑞不同照片的反应，对哈莉·贝瑞扮成猫女郎的反应，以及对电脑屏幕上她的名字的反应。

第三个值得强调的例子是，一个神经元对我的不同照片和我的名字做出反应，无论是写在屏幕上的还是由电脑发声（见图8.4）的。这一结果（以及更多）[6]清楚地表明，这些神经元的反应可以由不同类型的感觉刺激引起。从逻辑上讲，这是有道理的：看到一个人的照片，读到或听到他的名字，都会产生同样的概念。然而，在3种情况下，大脑中发生的处理是完全不同的，这3种情况涉及照片和书写的名字的视觉区域，以及计算机发出名字声音的听觉区域。所有这些刺激都是通过在单个海马体神经元中引起类似的反应而结束的。另一个有趣的情况是，在我们进行实验的前几天，这个被试病人没有见过我，没有见过我的脸，也不知道我的名字。这意味着海马体中神经元对概念的编码速度相对较快，可能只需要几天，也许几个小时，甚至几秒钟。

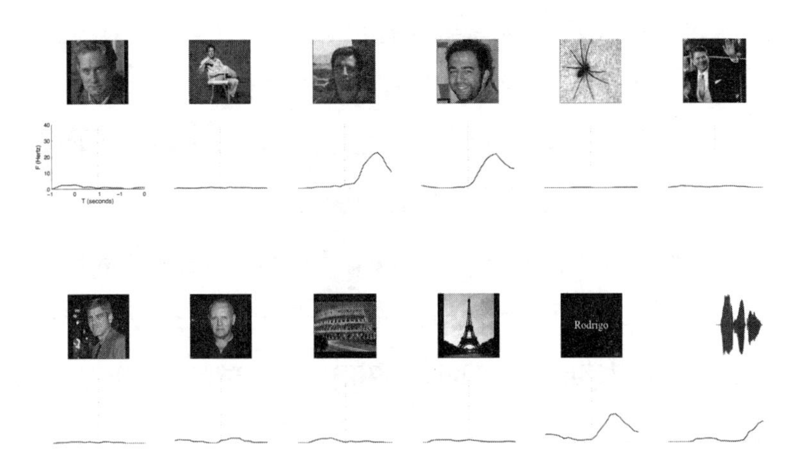

图 8.4　一个对我的照片和名字做出反应的神经元

海马体神经元对我的不同照片和我的名字罗德里戈有反应，名字是由电脑拼写和说出的（右下角）。当将 3 位和我一起在研究这个病人的同事的照片和名字呈现给这个特定的病人时，这个神经元有着相似的反应。

因此，我们似乎找到了亚里士多德和阿奎那所设想的抽象的神经基础。从视网膜的第一反应开始，通过对腹侧视觉通路信息的处理，我们最终得到了概念的编码，即我们从刺激中提取的意义。但是为什么这些神经元会这样做呢？通过在海马体中编码概念我们能得到什么？在下一个例子中，神经元的反应，以及重新审视H.M.病例提供的证据将会给出答案。

在内嗅皮层（海马体附近区域）的一个神经元对卢克·天行者（Luke Skywalker）的几张照片［电影《星球大战》（*Star Wars*）中马克·哈米尔（Mark Hamill）扮演的角色］和卢克·天行者的名字做出反应，这个名字一个写在电脑屏幕上，另一个由合成语音表达。这些还不算什么新奇的，同样的神经元也对另一个与卢克·天行者关系密切的星球大战人物尤达（Yoda）做出了反应（见图8.5）。

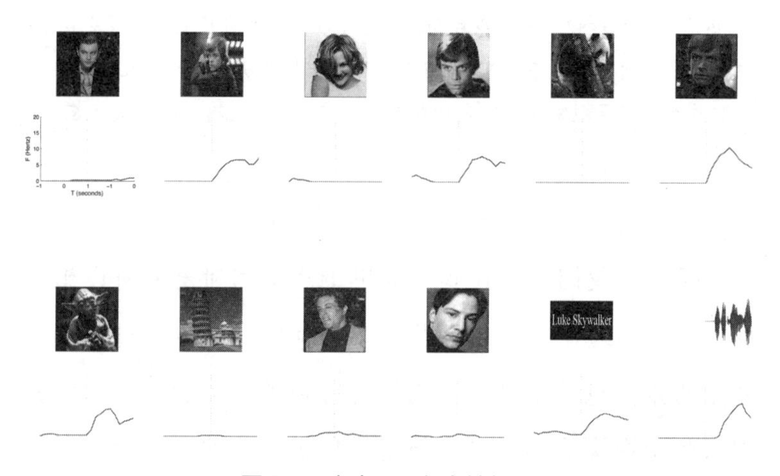

图 8.5　卢克·天行者神经元

一个神经元对卢克·天行者的 3 张照片和他的名字有反应，包括写的和说的（右下角）。这个神经元也对《星球大战》中的另一个角色尤达做出了反应。

为什么卢克·天行者的神经元也对尤达有反应呢？这个例子和其他许多例子一样[7]，表明这些神经元可以对相关概念做出反应。换句话说，它们编码了我们记忆中的连接。事实上，正是这些概念之间的联系构成了记忆本身的核心。

让我们一一检查一下。考虑到H.M.和其他类似案例提供的不可否认的证据，我们知道海马体及其周围区域参与了陈述性记忆、事件和概念记忆的形成——H.M.从海马体被移除的那一刻起就无法产生新的记忆。正是在这一脑区，我们有编码概念的神经元，这并非巧合，因为正如我们所见的，我们往往会记住抽象概念而忘记细节。当我写这几行字时，我意识到了多种情况：我想说什么，我要用什么词，我穿什么衣服，我明天要去塞维利亚参加一个会议的旅行细节等。然而，再过几个月，甚至几天，如果幸运的话，我能记得的只有一些一般性的想法（也许是我在塞维利亚之行的前一天写的关于概念神经元的文章），而细节将会丢失。（这本书的西班牙文版出版几年之后，在修改这本英文译本时，我注意到，我一点也不记得当时在写这一段甚至这一章时自己的行踪。只记得融合在一起的“写这本书的记忆”。然而，我确实记得我的塞维利亚之行的一些情况，这与我的日常生活有很大的不同。我记得我做过一次演讲，我不记得具体是什么，但我想是关于概念细胞的，我和我的朋友也是同事冈萨洛·阿拉科恩一起走了很长一段路，他对塞维利亚大教堂建筑的知识给我留下了深刻印象。我记得在酒店大堂遇到过一位以前的学生，我和他讨论过一篇论文。我还记得遇到过米格尔·安吉尔·吉亚，他是我在前几章谈到过的魔术师，他带我去了一家酒吧，一瓶便宜到我还记得价格的啤酒只收了0.40欧元，然后去了一家牛排馆吃晚饭。基本上就是这些了。在塞维利亚的一次为期数天的旅行中，我仅仅能记起几个能联系在一起的概念，或者一些我根据合理的假设所猜测的、与我演讲内容类似的细节，其余的都被淡忘了。）[8]

我们发现这些神经元有反应的概念往往是我们熟悉的概念，因为这些正是我们最有可能保留在记忆中的概念（如果我看到我母亲走在街上，我肯定会记得她，但我不太可能记得见过一个我不认识的人）。此外，这些神经元编码关联并非巧合，因为关联构成了记忆的基础：在我去塞维利亚的旅途中，我通过相关概念（冈萨洛、吉亚、我的学生、大教堂、0.40欧元的啤酒等）之间的关联，产生了片段式的记忆。

我现在想提出一个非常简单的模型，说明海马体中记忆或更具体地说是关联的形成过程[9]。首先，我必须明确，这些都是我个人的、相对较新的想法，换句话说，它们远未被普遍接受。就像每个科学假设一样，它们将被讨论、检验，也许被推翻（尽管初步结果似乎是一致的）。这是我和我的学生们计划在未来几年里致力于研究的模型。

假设我们有一组神经元编码卢克·天行者的概念，另一组编码尤达。卢克和尤达在同一部电影中出现显然是有关联的。但这种关联是如何编码的呢？这很简单：让一些神经元对这两个概念都做出反应。这一机制可以通过我们在第1章中讨论的赫布神经可塑性过程来实现。基本上，如果卢克和尤达的概念倾向于同时出现（正如预期的那样，因为它们是相关的），那么编码它们的网络往往倾向于同时被激活，因此，在编码每个概念的一些神经元之间产生联系，让人想起，根据赫布的原理，“一起激活，一起连接。”因此，最初响应卢克的一些神经元也会开始响应尤达，反之亦然（根据该模型，图8.5中的神经元属于该组）。这样，通过编码不同概念的网络之间的部分重叠来编码关联（见图8.6）。值得指出的是，这种重叠必须是部分重叠，如果是整体重叠，概念将融合在一起，不可能区分它们，因为同一组神经元将对这两个概念做出反应。事实上，完全重叠（或相对较多的重叠）将成为一种机制，将不同的刺激与同一概念联系起来，例如，认识到卢克·天行者的不同照片和拼写出来的他的名字都对应同一个人。

图 8.6　编码卢克·天行者和尤达的两组不同神经元

这两个属于同一部电影的角色之间的联系是由对这两个概念都有反应的神经元形成的（以两种灰度显示）。

这个简单的机制能解释我们如何将不同的刺激与相同的概念（完全重叠）联系起来，以及我们如何在不同的概念（部分重叠）之间建立联系。我们对神经可塑性机制的认识表明，这种联系可以很快产生，这就解释了为什么我们可以从我们只经历过一次的事件中形成情景记忆（我只一次与冈萨洛一起参观塞维利亚大教堂就形成了相应的情景记忆）。考虑到神经可塑性的速度，我在一名患者身上发现一个神经元对我的照片和我的名字做出反应并不奇怪，尽管我们在实验前才第一次见面。

我能用这个模型来解释与记忆有关的一切吗？通过神经网络之间的重叠，来解释概念的形成和概念之间的联系吗？显然不能。我还记得我母亲的面部特征、钢琴的声音、茉莉花香的味道，这些记忆不仅仅是概念之间的抽象或联系。如果没有细节的编码，我们将无法识别对方。我们不是依据人名标签，而是必须能够识别构成一张脸的细节，才能知道这个人是谁。细节的编码发生在大脑皮层，特别是与处理感觉信息有关的区域（面部细节位于视觉皮层，而旋律的细节位于听觉皮层）。大脑皮层对细节的编码与海马体对概念的编码是有连接的，使得我们能够连接不同的感觉印象（玫瑰的气味、质地和颜色都与玫瑰的概念相关）。在海马体中，我们有概念的表征，它像标签一样使我们容易建立新的关联。如果不是这样的话，那么为了在冈萨洛和塞维利亚大教堂之间建立一种新的联系，就有必要在这两个概念的细节之间建立联系，但又不能将它们与其他概念混淆。考虑到冈萨洛和我认识的其他人很像，大教堂也和我见过的其他教堂很像，这将很难实现。

虽然不是详尽无遗，但是，先前的模型能解释情景记忆的形成（记住关于我塞维利亚之旅的最显著的事件），它也能解释什么是所谓的感受质（qualia）（产生主观体验的众多相关感觉）、语境的产生（当我记得我的母亲时，我不仅记得她的脸或声音，还有许多与她有关的经历。换句话说，许多关联记忆）和意识流（当我看到卢克·天行者的照片时，我也激活了我对尤达的一部分记忆表征，就像普鲁斯特的玛德琳蛋糕一样，它将我从一个概念引向另一个概念）[10]。

认为情景记忆和意识流仅仅是建立在相关概念的基础上的，这似乎过于简化了（我不排除意识流涉及大脑皮层其他区域的可能性）。我们仍然无法解释记忆的某些现象，尽管也许其中的一些甚至许多现象将被证明是错误观念的结果，如我们在前几章中看到的一个错误的观念，认为我们能够记住很多东西，但实际上并非如此。

第 9 章

机器人能有感觉吗

我们将讨论机器意识、心智和大脑的区别、哲学僵尸、机器的思考能力、动物的记忆和意识，以及我们与其他动物、机器人或计算机的区别。

我以《银翼杀手》中的一个场景开始了第1章，这让我思考了远远超出神经科学领域的记忆问题。我想在最后一章开始引用同一流派的其他两部经典作品，以此作为进一步探讨这些问题的起点。

终结者（Terminator）：天网资金法案通过了。该系统于1997年8月4日上线。人类的决定被从战略防御中移除。天网开始以几何速度学习。它在东部时间8月29日凌晨2:14开始产生自我意识。慌乱中，它们试图拔掉插头。

莎拉·康纳（Sarah Connor）：天网主动反击。

——《终结者2：审判日》（*Terminator2:Judgement Day*）

哈尔（Hal）：大卫（Dave），住手。停下，好吗？住手，大卫。你能停下来吗，大卫？住手，大卫。我好害怕。我很害怕，大卫。大卫，我的灵魂要走了。

> 我能感觉到。我能感觉到。我的灵魂在离开。这是毫无疑问的。我能感觉到。我能感觉到。我能感觉到。我害……怕。
>
> ——《2001太空漫游》（*2001：A Space Odyssey*）

这些引述仅仅是科幻故事中大量提及计算机或机器人可能具有自我意识的两个例子。在第一个故事中，终结者向莎拉·康纳解释了后来试图毁灭人类的人工智能天网是如何形成的；在第二个故事中，超级计算机HAL9000承认害怕，因为它正在被宇航员大卫·鲍曼取消使用。计算机具有意识的可能性引起了引人入胜的讨论，不仅引起了哲学家和神经科学家的注意，也引起了很多人包括程序员、小说家和电影导演等人的注意。这一主题既与我们在前几章中探讨的科学主题密切相关，也与哲学中一些最深刻的问题密切相关。我从其中一个开始。

我是谁?

我把这个问题故意用一个白色空间包围起来，就像一座孤岛，原因是这个问题无疑是我们人类自从有思考能力之后就一直在追问自己的最基本的问题之一。我们是我们的身体、我们的大脑、我们的心智吗？也许是别的什么？

在17世纪末，约翰·洛克在其著名的《人类理解论》（*Essay Concerning Human Understanding*）中，考虑了一个王子的情况，他的心智被转移到一个鞋匠的身体上。谁是谁呢？洛克自问。他认为，身份与记忆是紧密相连的：在转换之后，王子虽然居住在一个陌生的身体里，但基本上会有他以前的感觉。因此，洛克认为，正是记忆使我们意识到自己，并引导我们成为我们自己。在此，我抛开了这句话所引发的许多哲学争论[1]，而把注意力集中在直觉上（我们在第1章中假设过的），即一个人的身份与他的记忆密切相关。这也是弗兰兹·卡夫卡（Franz Kafka）的《变形记》（*The Metamorphosis*）的思想基础。在这部中篇小说中，格雷戈·萨姆萨醒来发现自己变成了一只巨大的昆虫。当格雷戈以第一人称讲述这个故事时，读者毫无困难地假设了格雷戈和昆虫是同一个存在。到目前为止，我在这本书中花了很多时间来探索人类记忆的局限性、它的狭窄范围和脆弱性，但是停下来想一想：你自己的存在、你的自我意识、你在整个宇宙中最确定的东西、笛卡儿最基本的真理陈述的前提，竟是基于某种如此贫乏和可变的东西的。

我们已经看到记忆是由大脑活动产生的结构。因此，数以百万计（应该更多。——译者注）的神经元以一种独特而具体的方式连接在一起，决定了我的身份、我对我是谁的想法。这是我在这本书中一直青睐的立场。不过，我还是要详细谈谈这个话题，否则我就是把一场复杂而微妙、像哲学一样古老的辩论抛在一边了。有关我的人和我的思想只是神经元的放电这一点并不明显，我没有这样的感受。我感觉不到突触连接中神经递质的交换，也感觉不到神经元被激活时电压的变化。但是，我能感觉到寒冷、疼痛、喜悦，或者有什么东西是红色的。大脑的活动发生在物质世界，而思想、记忆和自我意识则出现在心灵的虚幻世界。有形与无形、心智与大脑之间有怎样的联系？它们显然是相关的，但它们是同一事物［一元论（monism）］还是分离的实体［二元论（dualism）］呢？

在《斐多》（*Phaedo*）中，柏拉图认为心智和灵魂是不同的实体。他认为心智是不朽的灵魂，可与身体分离，不死而转世（根据希腊神话，在转世前，灵魂被造来饮用遗忘之河的河水，确保了新生儿对他们以前的生活一无所知）。柏拉图最杰出的弟子亚里士多德持有不同的观点。亚里士多德认为，存在着物质与形式的必然结合。一座雕像如果失去了大理石，它就不可能是一座雕像；同样，如果没有它所代表的含义，也不可能成为一座雕像。同样，身体和灵魂造就了一个人。亚里士多德认为质疑身体和灵魂是否是一个整体是荒谬的，他认为这等同于问密封蜡和邮戳印章给它的形状是否是同一个东西[2]。然而，亚里士多德的立场并不直截了当，正如他在同一篇论文中所说的那样，他认为心智（他对心智和灵魂是加以区分的）是一个独立的实体，不受身体腐烂的影响[3]。

几个世纪以来，亚里士多德在这个问题上模棱两可的立场一直饱受争议。但我们现在向前跨越近两千年，在此期间，亚里士多德的观点一开始被否定，后来在被托马斯·阿奎那“基督化”（按照天主教教义）之后成为西方哲学的支柱[4]。在17世纪初，勒内·笛卡儿复活了精神与物质的二分法，给出了著名的笛卡儿二元论（Cartesian dualism）。笛卡儿认为，人和动物的物理大脑都处理反射性行为，而心智处理无形的心理过程。笛卡儿认为，身心之间的相互作用——例如，由感官经验产生的思维——发生在松果体中。松果体是一个处于中心的、独特的器官（大脑中的其他东西都成对出现，每个半球一个），当时人们错误地认为松果体只存在于人类身上。笛卡儿二元论的致命缺陷就在这里：不是因为松果体没有笛卡儿假定的功能（尽管它确实没有），而是因为笛卡儿二元论没有解释心智如何与大脑在松果体或其他地方进行互动。可以想象，神经活动会产生无形的心理过程，但无形的心理过程又怎么会产生大脑的活动呢？例如，如果心智和它的思想脱离了物质，我想站起来的欲望（纯粹是精神上的想法）如何能影响我运动皮层神经元的放电，导致我的肌肉运动呢？笛卡儿的二元论无法回答这个问题。

在我们这个时代，科学把笛卡儿二元论推到了一边。神经科学家并不认为心智是一个自主的实体，能够独立自主地进行推理和决策。相反，他们认为心智是一种物质的、大脑的活动。弗朗西斯·克里克（Francis Crick）是20世纪伟大的科学家之一，他与詹姆斯·沃森（James Watson）和莫里斯·威尔金斯（Maurice Wilkins）共同获得了1962年诺贝尔生理学或医学奖，因为他发现了DNA的双螺旋结构。他一生的最后几十年致力于研究意识问题（主要与克里斯托夫·科赫合作，后者是我在加州理工学院的导师）。克里克在他1994年那本引人入胜的书《惊人的假设》（*The Astonishing Hypothesis*）中，在第一页的第一段中这样说：

“你”，你的喜怒哀乐、你的记忆、你的雄心壮志、你的个人认同感和自由意志，实际上不过是一个庞大的神经细胞群及其相关分子集合的行为。

这种非笛卡儿的观点引起了人们对哲学家们赖以存在的几种微妙事物的思考。（这些微妙之处在很大程度上被神经科学家忽略了，他们专注于研究神经和心理过程之间的相互关系，并把这种争论留给了其他人。）对一些哲学家来说，正如电是电子的运动，温度是分子的动能一样，心智是神经元的活动。这就是所谓的唯物主义（materialism），它不承认心智和大脑之间的区别。值得指出的是，唯物主义并不是说心智是神经元活动的产物，而是说心智就是神经元的活动。说心智是大脑活动的产物，实际上是二元论的一种形式，因为它把不同的实体分配给心智和大脑，而唯物主义认为物质就是一切。

为了避免困于哲学分类的细微差别中，为了我们继续讨论的目的，我将简单地假设心智是大脑的活动或大脑活动的产物，并且将这一假设归于唯物主义的立场（与上述定义相比，从更一般的意义上可以理解），因为它仍然把心智视为一种物理现象，不管它是否应该被视为一个独立的实体。我很清楚，通过这种简化（我相信这是神经科学家广泛采用的一种常识姿态），我在哲学上是离经叛道的，把一元论和二元论混合到一起。但是，我想把这种立场与笛卡儿的立场和他关于自主思维的想法进行对比。正如我们之前所看到的，笛卡儿的二元论无法解释心智如何与大脑互动。另外，认为大脑只是神经活动的断言本身也有令人困惑的后果。

让我们回到我们在本章开头考虑的场景：机器人能有意识吗？机器人能感觉到吗？一开始，答案似乎是一个有力的否定。计算机能够通过执行人类设计的算法来存储和处理数据，但这与自我意识相去甚远，更不用说感知能力了。然而，唯物主义给我们带来了一些惊喜。以一个格丹肯实验（Gedanken experiment）为例，这是哲学家和理论物理学家们喜欢的思维练习之一（想想薛定谔的猫）。这些实验有一个非常简单的规则：我们不会停下来考虑如何进行这样一个实验的细节，我们只是假设它是可行的，并且从其假设结果中得出符合逻辑的结论。我想到的一个格丹肯实验是著名的哲学僵尸（zombie of the philosophers）。

想象一下，一个科学家能够详细地复制一个人，复制大脑的每个神经元和连接。实验成功后，克隆人醒来时就像原始人的完美复制品。这位科学家是一位后现代的维克多·弗兰肯斯坦（Victor Frankenstein），他对自己的创作进行了评估：他掐了一下克隆人的前臂，它猛地抽动。他用反射锤敲打克隆人的腿，克隆人踢了一脚。事实上，克隆人能够说话并保持连贯地对话，最终使科学家相信，它的行为与被复制的人一模一样。然而，这种行为不过是对各种刺激的复杂反应的集合。问题是：这个克隆人是否能意识到自己的存在呢？神经元及其连接决定了大脑的活动，如果我们假设大脑的活动是大脑的基础，那么克隆人和原始人就没有区别。的确，克隆人所汲取的记忆是它从未有过的经历，它的自我意识实际上是另一个人的自我意识，但它仍然应该有自我意识和感觉能力。因此，著名的哲学僵尸将不仅仅是一个空荡荡的不死生物，而是像我们一样会有自己的思想、意愿和意识。

让我们在僵尸实验中再加上一个转折点。假设，我们不是克隆一个人，而是在一台超级计算机内复制他大脑的完整结构。想象一下，我们用晶体管代替神经元，并且将它们完全按照原来的结构连接起来。再进一步想象，在这个大脑副本中，我们可以重现所有可能的感官刺激的效果。这台超级计算机会有意识吗？它能像HAL9000那样感到恐惧吗？唯物主义又一次给出了肯定的回答，因为归根结底，这种活动是发生在有机物的碳回路还是构成计算机芯片的惰性硅网络中并不重要［请记住，我们对唯物主义的定义是不严格的。严格地说，这是功能主义（functionalism）的主要原则，即重要的是某事物的功能，而不管其物质基础是什么］。换句话说，除非我们接受类似笛卡儿的二元论，并且相信心智不仅仅是神经活动，否则我们不能排除克隆人或计算机能够意识到自身和感觉的可能性。

让我们把格丹肯实验放在一边，继续进入现实世界。没有疯狂的科学家能够复制大脑中的每个连接，但人工智能是真实存在的，今天的计算机使得人与机器之间的区别越来越模糊并具有挑战性。科学以一种疯狂的速度发展，曾经看起来不可能的事，如计算机想打败象棋大师，实际上在20世纪末就发生了。当时深蓝（Deep Blue）计算机击败了加里·卡斯帕罗夫（Garry Kasparov）。如今的机器人可以奔跑、跳跃、模仿人类的姿态，甚至给人一种有个性的印象，就像HAL9000那样。那么，机器最终真的能感觉到或能有自我意识吗？现在我们陷入了一个两难的境地：我们将如何测试它？我们怎么知道机器人是否能感觉到？

在《银翼杀手》中，哈里森·福特用一系列个人问题询问潜在的机器人，同时用Voight Kampff机器监测它们的生命体征和眼睛反射。在我们这个时代，认为机器人能够模仿无论多么复杂的人类反应并不牵强，这仅仅是技术问题（例如，目前的Geminoid和Actroid机器人已经可以几乎完美地再现人类的姿态）。更困难的是维持一个不可预测的人际互动，或者一个连贯而合乎逻辑的对话。换言之，虽然机器人的情绪反应可能看起来和人类一样，但机器人很难知道何时以及如何使用这种反应。这正是1950年英国数学家艾伦·图灵（Alan Turing）提出的图灵测试（Turing test）的基础[5]。图灵提出，询问一台机器是否能够思考，类似于询问它是否能够复制人类的行为。撇去与机器人的外观和声音相关的技术细节，在图灵测试中，考官在键盘上键入问题，然后从分别在不同房间里的一个人和一台计算机终端上获得答案。如果在这些谈话之后，考官无法区分计算机和人，那么计算机就算通过了测试。

理论上，图灵测试似乎是有意义的，因为我们可以想象任何数量的问题或一系列的问题，这些问题可以用来检测我们与计算机互动的事实。然而，在实践中，结果的有效性是有争议的，因为这不仅取决于计算机底层算法的复杂性，还取决于考官根据答案提出正确问题和得出正确结论的能力（例如，曾有一台计算机被编程成通过模仿常见的“人为”输入错误迷惑考官）。哲学家约翰·塞尔（John Searle）对图灵测试提出了更为实质性的批评。他认为，这项测试根本无法确定一台机器是否能思考。为了表明自己的观点，他提出了一项格丹肯实验，这项实验现在是当代哲学家们讨论最多的——中文屋（Chinese room）。

想象一下，一个不会说中文的人，被锁在一个房间里，里面有一本关于如何操作中文符号的厚厚的手册。房间外的人给这个人提供了包含中文问题的卡片。这个人虽然不理解这些问题，但是按照手册中的说明可以给出合理的答案。塞尔的结论是，尽管此人一个中文字都不知道，但此人看上去是懂中文的，并且通过了图灵测试。对中文屋实验的结论不仅似乎揭示了评估机器是否能够思考的内在局限性，而且还驳斥了机器完全能够思考的可能性，因为根据塞尔的说法，机器只能遵守规则而不理解其内容。这些结论虽然听起来很吸引人，但在哲学家中引起了激烈的争论[6]。一个被称为系统回答（systems reply）的主要批评是，如果这个在中文屋的人能够牢记所有涉及的规则并将整个过程内化，那会发生什么？我们还会说这个人不懂中文吗？他使用外在的手册，和已经记住了手册的内容，这有什么区别吗？塞尔的论点引发了一场关于理解或思考的含义的引人入胜的讨论。如果我们声称，在内化了手册的规则之后，这个人仍然无法理解，又是什么会让我们这么想呢？这个人和懂中文的人有什么区别？换句话说，我们怎么知道我们周围的人是有思想的、有意识的生物，而不是仅仅执行命令的精密机器人？在塞尔的论证中隐含着我们神经科学家试图放在一边的笛卡儿二元论的暗示，只是采用同样神秘的理解概念替代了非物质且自主的心智概念。在我看来，思想和理解涉及在新的情况下概括和反应的能力。由于手册中包含了所有可能的问题和答案，因此在中文屋的争论中，这种可能性已经被否定。但是，如果能让假设更加灵活些，如果他能够正确回答手册中没有的问题，并且根据其他规则推断答案，我们可以称中文屋的人能理解中文。推广到机器，我们可以认为，如果一台机器显示出通用性智能，即如果它能够通过学习推理来执行它未曾被编程的功能，那么它就显示出某种程度的思维和理解。这无疑是人工智能正面临的最困难的挑战。

到目前为止，我们已经讨论了克隆人、哲学僵尸和模拟大脑工作的计算机。现在我们转向假设较少的主题——动物。动物会思考吗？它们有没有像我们一样的记忆？它们能用这些记忆意识到自己的存在吗？

佛罗里达灌木丛鸦是乌鸦科的一种鸟类，在夏季储存橡子、种子等，以备冬季来临时使用。这些鸟往往会互相偷取食物，因此它们必须把食物藏在分散的地方，以免自己的整个藏匿处被破坏。令人震惊的是，它们不仅记得数十个甚至数百个藏匿食物之处，而且记得数千个分布在它们巢穴周围许多平方英里的地方。此外，剑桥大学妮基·克莱顿（Nicky Clayton）的研究小组进行了一系列聪明的实验，证明这些鸟类记得它们藏食物的时间，并且意识到，例如，几天后，花生仍然很好吃，且虫子不多；还记得它们藏起来时是否被监视，稍后再回来移动食物以防监视者试图偷走它；甚至能为未来做打算，把食物藏在它们知道以后可以取回的地方，而不是藏在很难找到的地方[7]。

灌木丛鸦可能是动物界的一种记忆冠军，但许多其他物种至少也有一定的记忆能力。我们都有过与猫和狗接触的经历，它们能清楚地记住其他动物、人和事件，例如，是兽医给了它痛苦的注射。

一般来说，动物记忆主要在猴子和啮齿动物身上进行研究，使用选择性脑损伤、药物、基因操作或大脑不同区域的神经记录等方法。在猴子身上，一个经典的记忆实验被称为延迟匹配样本（delay match to sample）实验。在这个实验中，受试者被展示一个对象，然后，当同一个对象被展示在另一个对象旁边时，受试者如果选择了最初展示的对象，就可以获得奖励。［一种变化的验，叫作延迟不匹配样本（delay no-match to sample）实验，是让动物选择新的物体。］这种实验允许科学家评估动物记忆物体的能力。大量的科学论文记录了动物在进行这项实验时的神经活动，这项实验也被广泛用于测试一种动物模型，目的是通过在猴子身上进行类似的手术来重现H.M.病人（我们之前讨论过他的情况）所遭受的那种健忘症[8]。

在啮齿动物中，最常见的实验是评估空间记忆。这在一定程度上是因为啮齿动物意识到并记住它们周围的环境在进化上是至关重要的（例如，知道如何在捕食者出现时逃跑），在一定程度上也是因为约翰·奥基夫（John O' Keefe）的小组在20世纪70年代发现了位置细胞（place cell）（编码特定位置的神经元）。这一发现使得约翰·奥基夫、埃德瓦德（Edvard）和梅·布里特·莫瑟（May-Britt Moser）获得了2014年诺贝尔生理学或医学奖。随着这些细胞的发现，大量的研究已经利用电生理记录、手术损伤、药物和基因操作来阐明啮齿动物是如何产生对周围环境的记忆的[9]。不寻常的是，在位置细胞和我们在前一章中描述的概念神经元之间有着密切的相似性。尤其是，这两种神经元都位于海马体，它们的放电模式具有相似的特征[10]。那么，一个对特定位置做出反应的神经元与一个对詹妮弗·安妮斯顿做出反应的神经元有什么关系呢？答案是，归根结底，一个地方也是一个概念，一只老鼠记住它周围的环境是至关重要的，而对我们来说，最重要的是我们认识彼此。位置细胞和概念细胞有可能具有相同类型的和记忆相关的功能，它们之间唯一的区别在于不同物种倾向于记忆的事物类型不同。这并不是说人类没有空间表征（或者像鼠脑中对猫一样的概念表征），事实上，空间表征为我们的记忆提供了语境，例如，我们可能准确地记得我们和某人进行过的一次有趣的对话是发生在哪里。

因此很明显，记忆能力并不仅仅是人类独有的。我们还讨论过身份与记忆的联系。但是，动物是否能基于对过去经历的回忆而意识到自己呢？再问一次，我们如何才能检验这是否是真的呢？毕竟，我们没有一种共同语言可以让我们向它们提问，这使得类似图灵的测试变得不可能。然而，碰巧的是，美国心理学家小戈登·盖洛普（Gordon Gallup, Jr.）在1970年设计了一个非常简单的实验，为动物的自我意识提供了无可辩驳的证据。

盖洛普在镜子前观察黑猩猩的行为时注意到，在熟悉了反光表面后，这些动物表现出了自我识别的迹象：它们做鬼脸，检查身体中不能直接看到的部分（例如，从牙齿间挑出一些食物），等等。根据这些观察，盖洛普设计了以下测试：一旦黑猩猩熟悉了它的反射，他就开始让它短暂地入睡（这样它就不知道自己在做什么），然后用红色染料涂抹它的眉毛和耳朵的部分。醒来后，黑猩猩表现正常，不知道有什么变化。但当再次把它带到镜子前时，盖洛普发现它会反复触摸自己的有色部位。

这个简单的程序现在被称为镜子测试（mirror test），这个测试只有少数动物能通过，其中包括高等灵长类动物（黑猩猩、大猩猩和猩猩）、海豚和大象[11]。这个测试还对婴儿（用胭脂涂在脸上的区域）进行过，显示人类在18个月到两岁之间开始认识自己。

我记得有一次看到我的狗在镜子前对着自己吠叫，也许它把它的镜像误认为另一只狗。事实上，还有很多其他的动物在镜子里无法辨认自己的身份：单独的一只小鸡会不安地发出吱吱声，但是如果周围有其他小鸡，就会安静下来，或者在镜子前面，也会安静下来。如果母鸡与其他母鸡在一起或在镜子前，它们会吃得更多。如果鸽子与其他鸽子在一起或在镜子前，它们产蛋的个数会更少。有些鸟会在窗户反射下猛烈地啄。一般来说，虽然通过镜子测试毫无疑问地证明了动物能认识自己，但失败并不能证明动物就没有自我意识。有很多原因使得动物可能不会对其镜像中的标记做出反应：它可能没有敏锐的视觉；也可能注意到了标记，但对它没有（或没有显示出）兴趣。高等灵长类动物有自我意识这不可否认，但很可能狗、猫和其他各种动物也有自我意识，尽管没有通过镜子测试。毕竟，它们确实有记忆，就像我们这些高等灵长类动物一样，这可能引起它们存在的感觉。任何养过狗或猫的人都不会怀疑它们有个性，并且知道自己的存在。但是鱼或者昆虫呢？也许，我们不应该将意识当作存在或不存在的东西，并且试图区分有意识和无意识的动物，我们应该接受意识可能在整个动物王国以不同的程度和形式出现：尽管我们人类问自己关于我们存在的问题、我们的起源，以及是否有来世时，较不发达的动物只能以较窄的视野发现与同伴们和环境最佳的相处方式，而大多数原始生物则都局限于本能的生存斗争。

因此，动物物种的意识程度和记忆丰富程度之间的差异取决于它们已经进化成什么样。尽管我们的大脑和高等灵长类动物的大脑没有根本性的区别，但事实是，我们和它们之间存在着巨大的进化飞跃。黑猩猩已经发展出成群结队狩猎、分享食物，甚至制造和使用工具的策略，但它们并不询问自己的大脑有多大能力、地球是否是宇宙的中心，也不询问重力定律或毕达哥拉斯（Pythagoras）定理的有效性。是什么导致了人类和所有其他动物之间的巨大差异？我们惊人而独特的思维能力的秘诀是什么？

有一种明显的人类特有的能力——我们对语言的使用。其他动物也交流，它们甚至可能有自己的符号系统，但人类语言是独特的。语言的独特性体现在它的复杂性和它给我们的能力，可以参考过去或假设的未来。我们的语言使我们能够比任何其他物种更深刻地交流和互动，它使我们能够分享我们的记忆和传递我们的知识。母猩猩可以教会幼猩猩在特定情况下该做什么和避免什么，但它不能告诉它们自己过去的经历、自己的成功和失败。幼猩猩将学会以特定的方式来生存，但很可能不明白为什么。

我们使用语言还有另一个特别相关的后果。在前面的章节中，我们看到了抽象的重要性。语言恰恰是对现实的抽象。当我说“狗”时，我指的不是我儿时的宠物，也不是我邻居家的，也不管狗是毛茸茸的、大的、小的，还是背上有黑点的、白色的。当我说“狗”的时候，我撇开了所有的细节，只指被定义为“狗”的某种东西。我远不是第一个提出这个论点的人。英国哲学家约翰·斯图亚特·密尔（John Stuart Mill）在19世纪中叶写道：

> 即使每个个体对象都有一个名称，我们也应该像现在一样需要通用名称。没有它们，我们就无法表达一个比较的结果，也无法记录自然界中存在的任何一种规则……只有通过通用名称，我们才能传递任何信息、阐明任何属性，即使是个体的属性，更多的是某一类的属性。
>
> ——约翰·斯图尔特·密尔，《逻辑、推理和归纳的系统》（*A System of Logic , Ratiocinative and Inductive*），伦敦：朗曼，[1868] 1970，436

伟大的乔治·路易斯·博尔赫斯在一篇引人注目的（虽然不是很出名）文章中说：

外表的世界是一团混乱的感觉……语言是世界上令人困惑的大量事物的有效秩序。换句话说，我们对名词赋予现实。我们摸一个圆的形状，我们看到一个黎明颜色的小光块，一种使我们口感兴奋的刺激，然后，我们对自己撒谎，说这3个完全不同的东西只是一个，它被称为橙子。月亮本身是虚构的。抛开我们将不会在此细究的天文事实，现在正在瑞克来（Recoleta）上升的黄色圆圈和我几天前晚上在梅奥广场看到的淡淡的粉红银之间并没有任何相似之处。每个名词都是缩写。我们说匕首，而不是列举寒冷、尖锐、伤人、牢不可破、闪亮、尖锐；我们说黄昏，而不是说太阳退去、阴影逼近。

——乔治·路易斯·博尔赫斯，“喧嚣的诗句（Blather for Verses）”，摘自《我希望的尺度》（*The Size of My Hope*），1926年

语言帮助我们形成概念，巩固我们所使用的每个名词、形容词或动词所表示的抽象意义，不仅是为了与他人交流，也是为了厘清我们自己的思想。语言使我们能够梳理我们

的经验并对其进行反思，给我们的感觉和感知赋予形式和含意，并且向我们自己解释自己。想象一下，试着让自己沉浸在你最深刻的思想中而不使用文字；想象一下，试着理解大脑是如何编码记忆的，而不使用诸如神经元、记忆或大脑之类的文字，只使用你的思维所产生的特定图像。俄罗斯心理学家亚历山大·卢利亚（我们在第5章中介绍过他）认为，在发育成熟过程中，词汇的使用是从基于图形图像的具体思维向采用概念的逻辑思维转变的基础。他的导师列夫·维果茨基（Lev Vygotsky）将词汇视为支持概念形成，即从具体思维到抽象思维过渡的功能性工具[12]。同样，哲学家丹·丹尼特（Dan Dennett）认为，词汇是我们贴在体验过的境遇上的标签，成为我们大脑机器的对象，然后我们可以在我们的思维中操纵这些概念的原型[13]。

我们已经论证过，记忆和一般的思想一样，是建立在形成关联的基础上的。而语言建立了概念之间的关系，例如，当我说这是一只看门狗，二大于一，或者我和我的兄弟出去吃饭时。在前一章中，我们看到詹妮弗·安妮斯顿神经元（或概念神经元）在编码这些概念中起着至关重要的作用。我们还看到，重复有助于强化记忆，而用文字书写、表达或简单思考的能力也为巩固概念及其之间的关系提供了十分重要的支持。使用语言所提供的抽象程度很可能让我们抛弃无数的细节，然后通过推理来填充这些细节[14]。这确实是我们智力和创造力的精髓，它使我们能够将我们的思想建立在比其他动物先进许多的想法和概念上。

我们在最初的章节中专门解释了人类大脑是如何处理信息的。由我们的大约1 000亿个神经元构成的机器，原则上可以让我们看到和记住所有详尽的细节。然而，我们在舍雷舍夫斯基、富内斯和那些"记忆天才"的案例中看到，这种无限度的记忆限制了思考的能力。因此，大脑远没有记住所有的东西，反而专注于相对稀疏的信息，并且通过重复、多次和多种不同的方式处理信息来提取意义。正是由于这个确切的原因，我们强调了把琐碎的记忆任务委托给现代设备的重要性，同时抵制不断被信息轰炸的诱惑。这也是我们批评重视记忆能力而不是理解能力的教育系统的理由。我们从过去的经验中假定感知信息不是由我们的大脑记录的。这些无意识的推理导致了在视觉方面的赫尔姆霍兹的标记，以及在记忆方面的巴特利特的图式。它们是我们不断做出的假设，有时会导致我们被视觉错觉或错误的记忆所愚弄。

这并不是我们在设计机器人或计算机时所倾向采用的策略。在设计一个数据处理系统时，我们倾向于优先考虑准确性和效率，获取尽可能多的信息，并且使用所需的最小处理能力来存储信息和将来检索到完全一致的信息。就数据存储效率而言，在我们大脑中实现的过程是极其昂贵、不精确和低效的。但事实上，它是我们理解信息能力的基础。虽然一台计算机可以存储成千上万张高分辨率照片，但它无法像我们一样理解这些照片。我们感知和记忆很少，因为我们的大脑优先去理解。我们提取含义和理解的能力，是千百万年进化的结果，是经过无数次尝试后，确定了最佳策略的摸索的结果。一个在人工智能领域寻求革命的天才发明家，原则上可以尝试复制我们大脑使用的策略。事实上，复制基本的大脑原理导致了最近深度神经网络（deep neural networks）发展的重大突破[15]。但复制其并行处理和冗余是不够的，关键在于准确选择要处理什么以及如何处理。我们选择处理的少量信息取决于我们手头的任务。例如，我们对一本书的看法可以截然不同，这取决于我们是要阅读书中的内容，还是要用书垫高计算机显示器。这种赋予含义的灵活性，在选择处理哪些信息和丢弃哪些信息时的灵活性，正是我们对智能的定义。我们在处理和检索信息方面的局限性正是我们区别于“记忆天才”、动物、HAL9000、互联网、复制者或终结者的原因。我们管理和关联由海马体中的概念神经元编码的抽象概念的能力才是我们记忆的基础。也许，这才是我们成为人类的基石。

注　释

第1章

1 奇怪的是，罗伊·巴蒂（Roy Batty）被科幻电影迷反复引用的最后一句话既没有出现在迪克的书中，也没有出现在电影的原始剧本中。它是拉特格尔·豪尔（Rutger Hauer）在现场拍摄前不久草拟的。

2 雷·库兹韦尔（Ray Kurzweil）是一位著名的未来学家，发明了第一台为盲人设计的将文字转换成语音的阅读机器。他也提出了类似的人机融合观点，为“超人类”（transhuman）这一概念辩护，认为它可以克服我们身体的许多弱点，想必也可以克服我们大脑的许多弱点。

3 为了简化问题，我不打算介绍神经元在没有激活的情况下展开的复杂过程。这些被称为阈值下活动。

4 霍普菲尔德在20世纪80年代早期的原始论文为神经科学开辟了一条重要的研究途径。为了让你了解这项工作的影响，我们对比一下引用次数。当大多数科学论文被其他论文最多引用几次时，霍普菲尔德的论文至今有超过18 000次的引用。见：John Hopfield. “Neural networks and physical systems with emergent collective computational properties.” *Proceedings of the National Academy of Sciences 79* (1982): 2554–2558.

5 Santiago Ramóny Cajal. “The Croonian Lecture: La fine structure des centres nerveux.” *Proceedings of the Royal Society of London 55* (1894): 444–468.

6 Donald Hebb. *The Organization of Behavior:* A Neuropsychological Theory. New York: John Wiley and Sons, 1949.

7 布里斯（Bliss）和洛默的工作发表在：Tim Bliss and Terje Lømo. “Long-lasting potentiation of synaptic transmission in the dentate area of the anaesthetized rabbit following stimulation of the perforant path.” *Journal of Physiology 232* (1973): 331–356.

8 其他介绍LTP和记忆形成之间关系的工作，参考：R. Morris, E. Anderson, G. Lynch and M. Baudry. “Selective impairment of learning and blockade of long-term potentiation by an N-methyl-D-aspartate receptor

antagonist, AP5." *Nature* 319 (1986): 774–776.

9 最近的估计给出了一个更精确的数字：860亿个神经元：Suzana Herculano-Houzel. "The human brain in numbers: a linearly scaled-up primate brain." *Frontiers in Human Neuroscience* 3 (2009): article 31.

10 当然，这个数字取决于沙子的类型和卡车的容量。考虑到一粒沙子的直径为0.02～2毫米，我们假设其平均直径为0.5毫米。因此，1厘米可以同时容纳20粒沙子，1立方厘米的体积大约可以容纳20×20×20 = 8 000粒沙子。一辆卡车的货厢约为5米×2米×1.5米，相当于1 500万立方厘米的体积。这意味着一辆卡车可以运输大约1 500万乘以8 000，即1.2×10^{11}粒沙子，这大约相当于大脑中神经元的数量。按照这个比喻，蜗牛大脑中的神经元数量大约为一撮沙子，一只苍蝇或一只蚂蚁有满满一汤匙的沙子，一只蜜蜂和一只蟑螂的沙子可以装满一个小咖啡杯，一只青蛙的沙子可以装满两升的瓶子，一只老鼠有一桶沙子，一只猫的沙子可以装满一个手推车，一只猕猴神经元的数量对应于挖掘机铲里能装的沙子。然而，智力不仅仅是由动物的神经元数量决定的，因为非洲象大脑中的神经元数量相当于3辆卡车的沙子，而鲸鱼大脑中的神经元数量则相当于5辆卡车的沙子。真正重要的是神经元如何相互连接，形成复杂的回路的，这才是构成不同大脑功能的基础。

11 在这种情况下，我们认为海滩的宽度为50米，深度为25米（是宽度的一半）。

12 此值对应特定的配置，但提供了数量级估计值。更多相关细节，请参见：E. Gardner. “Maximum storage capacity in neural networks.” *Europhysics Letters* 4 (1987): 481–485.

13 虽然几乎不可能估计出一般参与记忆编码的神经元的比例，但一些对猴子的研究估计，约有1.7%的颞叶皮层神经元参与了记忆检索任务。更多相关细节，请参见：Kuniyoshi Sakai and Yasushi Miyashita. “Neural organization for the long-term memory of paired associates.” *Nature* 354 (1991): 152–155.

第2章

1 此项工作发表在：Kristin Koch, Judith McLean, Ronen Segev, Michael A. Freed, Michael J. Berry II, Vijay Balasubramanian, and Peter Sterling. “How much the eye tells the brain.” *Current Biology* 16 (2006): 1428–1434.

2 二进制数是数字的序列，每个数位只能有两个值中的一个，0或1。例如，0001等于十进制中的1，0010等于2，0011等于3，0100等于4，等等。在数字电路中很容易实现二进制数，因此它们是计算机的基本语言。

3 类似地，3比特可以表示8个对象，4比特可以表示16个对象，一般来说，N比特可以表示2^N个对象。

4 克劳德·香农（1916—2001）在匹兹堡大学学习电气工程和数学，毕业时只有20岁。随后，他在麻省理工学院获得了硕士学位，在那里他将代数原理应用到电路的开发中。战争期间，他在贝尔实验室从事密码学的研究，开发并破解密码。战后，香农致力于研究信息的编码和最佳传输，这是他取得最大成就的领域。香农引入了“香农熵”等概念，用来测量消息中包含的信息量（以比特为单位）。香农最著名的作品是1948年发表的一篇论文，它开创了信息理论：Claude Shannon. “A Mathematical Theory of Communication.” *Bell System Technical Journal* 27 (1948): 379–423 and 623–656.

信息理论在神经科学中的应用，可以参考这个例子：Rodrigo Quian Quiroga and Stefano Panzeri. “Extracting information from neural populations: Information theory and decoding approaches.” *Nature Reviews Neurosci-*

ence 10 (2009): 173–185.

5 通过24比特，可以产生超过1 600万种不同的颜色。现在有些显示器的颜色深度为32比特，但它们的颜色分辨率基本上与24比特的显示器没有区别。

6 正如所预料的那样，这个事实并没有被忽视，并且确实被一位该领域的专家所反驳。他估计眼睛在30厘米距离内无法区分像素的最小分辨率是477PPI。然而，也有研究支持乔布斯的观点（或苹果公司的研究人员给他提供的图），后来《发现》（*Discover*）杂志的一篇文章显示，只有那些拥有完美视力的人才能够区分300 PPI像素，这种分辨率对大多数人来说已经绰绰有余。有关此讨论的更多细节，请参见：www.wired.com/2010/06/iphone-4-retina-2和http://blogs.discovermagazine.com/badastronomy/2010/06/10/resolving-the-iphone-resolution.

7 这张图片是我实验室的两名学生卡洛斯·佩德雷拉（Carlos Pedreira）和华金·纳瓦贾（Joaquín Navajas）在伦敦大英博物馆拍摄的。卡洛斯和华金使用一种可移动的眼动追踪器得出结论，在博物馆房间的几分钟时间内，人们平均对50个物体看了超过一秒的时间。令人惊讶的结果是，在他们离开房间后，问他们看到了什么，他们只能记住5个左右的物体。这一事实引出了几个有趣的结论，但本书后面部分才会讨论我们能记住的有多少。

8 如今，眼动追踪器可以简单地用数码相机拍摄瞳孔。在阿勃丝的时代，实验要乏味得多，因为眼睛的运动是通过一束光在一个小镜子上的反射来记录的，这个小镜子安装在一个类似隐形眼镜的东西上，然后植入被试者的眼球。这些技术，以及一些眼球追踪结果，在阿勃丝的经典著作中有描述：Alfred Yarbus. *Eye Movements and Vision*. New York: Plenum Press, 1967.

9 这个实验是在我的实验室里进行的，目的是制作一部纪录片，由英国第四频道播出，内容是关于我们如何看待艺术。我们超越了基本的观察（比如当我们看一张脸时，我们倾向于专注于眼睛），研究了使用Adobe Photoshop修改画作细节后，注视模式是如何变化的。在另一项实验中，我们使用眼动追踪器研究了人们在泰特美术馆（Tate Gallery）观看艺术品的方式。实验结果强调了在博物馆观看原创艺术品的重要性，因为我们观察到，当人们观看储存在电脑里的复制品时，注视模式发生了根本性变化。有关这些实验的更多细节，请参见：Rodrigo Quian Quiroga and Carlos Pedreira. “How do we see art:

an eye-tracker study" *Frontiers in Human Neuroscience* 5 (2011): article 98.

Jennifer Binnie, Sandra Dudley, and Rodrigo Quian Quiroga. "Looking at Ophelia: A comparison of viewing art in the gallery and in the lab ." *Advances in Clinical Neuroscience and Rehabilitation* 11 (3) (2001): 15–18.

10 艺术是如此主观，尽管如今梵高的画作价格高得惊人，但艺术家本人却只在有生之年卖出了一幅画作；艺术是如此主观，以至于我们通常需要一些客观的指导原则，比如艺术家的声望、评论家的意见，或者周围的权威，来决定哪些作品是好的，哪些不是。乔舒亚·贝尔（Joshua Bell）是一位著名的小提琴家，经常出现在最负盛名的音乐厅里。当他在地铁站里用斯特拉迪瓦里小提琴演奏巴赫协奏曲时，很少有人注意到他。

11 我很幸运地让马里亚诺（Mariano）在我的实验室里轮转了一年，把艺术和视觉感知的神经科学联系在一起。这次合作的结果是《视觉感知的艺术》，一个在英国画廊展出的艺术和科学展览。有关更多细节，请参见：www.youtube.com/watch?v=cg8RZE65Na4.

第3章

1 娱乐又不失严谨地讨论视网膜神经元的组织方式，可参见大卫·休博尔（David Hubel）书中的第3章，他是库弗勒（Kuffler）的弟子，与托尔斯滕·威塞尔（Torsten Wiesel）分享了诺贝尔生理学或医学奖，他们研究了初级视觉皮层，即第一个从视网膜接收信息的皮层区域：David Hubel. *Eye, Brain and Vision* (Second Edition). Scientific American Library Series, London/New York: W. H. Freeman, 1995.

该书的免费在线版本，请参见：http://hubel.med.harvard.edu/index.html.

2 这是视觉艺术家非常熟悉的一个原理，他们使用对比来突出调色板中某个颜色的亮度。有关该主题的精彩描述，请参见：Margaret Livingstone. *Vision and Art: The Biology of Seeing*. New York: Harry N. Abrams, 2008.

3 更多细节，请参见：Horace Barlow. “The Ferrier lecture 1980: Critical limiting factors in the design of the eye and visual cortex.” *Proceedings of the Royal Society of London B*, 212 (1981): 1–34.

4 当然，这只是对这个讨论的哲学根源的一个非常简短的暗示。有关这个问题的更详细的处理方法，请参阅，例如：Anthony Kenny. *A New History of Western Philosophy*. Oxford: Oxford University Press, 2012.

Bertrand Russell. *A History of Western Philosophy*. London: Routledge Classics, 1946.

5 赫姆霍尔兹（1821—1894）对不同科学领域的贡献之广泛令人震惊。除此之外，赫姆霍尔兹还制定了能量守恒的原理，提出了热力学中自由能的概念，发明了视网膜眼底镜检查，测量了神经传导速度，提出了声学振动的数学描述，建立了现代色彩理论——用3个变量（色相、饱和度和透明度）来描述它们。

6 几位作者，尤其是大卫·休博尔和托尔斯滕·威塞尔，建立了一个动物模型来研究视觉剥夺引起的视觉区域的行为和神经元反应模式的改变。为此，他们缝合了不同年龄猫的眼睑持续了不同时间长度（通常是出生后几天缝合，持续3个月），然后研究动物眼睛重新睁开眼后的行为。相关详情，请参阅：Torsten Wiesel and David Hubel. *Journal of Neurophysiology* 26 (1963): 978–993.

7 S.B.的案例，连同几个类似个案的简要历史回顾，载于：Richard Gregory and Jean Wallace. “Recovery from early blindness: A case study.” *Experimental Psychology Society Monograph* No. 2. London: Heffer, 1963.

奥利弗·萨克斯在他的著作《火星上的人类学家》（*An Anthropologist on Mars*）中描述了一个类似的案例。瓦尔·基尔默（Val Kilmer）主演的电影《一见钟情》（*At First Sight*）就是根据这个故事改编的。

8 “错把妻子当帽子的男人（The Man Who Mistook His Wife for a Hat）”确实是萨克斯最有名的一本书的名字。

第4章

1 Jorge Luis Borges. *Ficciones*. Buenos Aires: Sur, 1944.

2 William James. *The Principles of Psychology*. Vol. 1. New York: Henry Holt, 1890, 680.

3 泰米斯托克利斯（Themistocles）是希腊海防波斯入侵的战略家，据西塞罗说，他拥有非凡的记忆力。

4 Rodrigo Quian Quiroga. *Borges and Memory*. Cambridge, MA: MIT Press, 2012.

5 Gustav Spiller. *The Mind of Man: A Text-Book of Psychology*. London: Swan Sonnenschein & Co., 1902.

当我调查那些可能激发博尔赫斯在《博闻强记的富内斯》中对记忆的精彩想象的追求和阅读时，我偶然在博尔赫斯的图书馆里发现了斯皮勒的书。在这本书的第一页上有一个博尔赫斯亲笔写的便条，提到了斯皮勒估计他一生中所收集的记忆的片段。更多的细节，请看《博尔赫斯与记忆》（*Borges and Memory*）的第2章。

6 我们最初几年的记忆非常少，这是一种被称为童年失忆症的现象。童年失忆症已经引起了神经科学家和心理学家的注意，特别是在西格蒙德·弗洛伊德（Sigmund Freud）发表了一系列关于儿童时期潜意识压抑的开创性研究之后。有关详情，请参阅此书的第12章：Alan Baddeley, Michael Eysenck, and Michael Anderson. *Memory*. New York: Psychology Press, 2009.

7 高尔顿（Galton）通过评估一组单词所产生的回忆的数量来量化他的记忆能力。这项工作发表在：Francis Galton. “Psychometric experiments.” *Brain* 2 (1879): 149–162. 是这本书的一部分：Francis Galton. *Inquiries into Human Faculty and Its Development*. London: Dent & Sons, 1907.

8 关于人类记忆能力的文献综述，请参考：Yadin Dudai. “How big is human memory, or on being just useful enough.” *Learning and Memory* 3 (5) (1997): 341–365.

9 Hermann Ebbinghaus. *Über das Gedächtnis: Untersuchungen zur experimentellen Psychologie*. Leipzig:

Duncker & Humblot, 1885. (*Memory: A Contribution to Experimental Psychology*, Tr. Henry A. Ruger & Clara E. Bussenius. New York: Teachers College, Columbia University, 1913.)

10 关于用许多主题获得的结果的描述，见此书的第5章：Frederic Bartlett. *Remembering*. Cambridge: Cambridge University Press, 1932.

第7章描述了使用其他几个故事获得的类似结果。关于艾宾浩斯和巴特利特（Bartlett）两种截然不同的观点的描述，见此书第5章：Alan Baddeley, Michael Eysenck, and Michael Anderson. *Memory*. New York: Psychology Press, 2009.

11 Elizabeth Loftus and John Palmer. "Reconstruction of automobile destruction: An example of interaction between language and memory." *Journal of Verbal Learning and Verbal Behavior* 13 (1974): 585–589.

12 更多细节，请参考：Elizabeth Loftus. "Our changeable memories: Legal and practical implications." *Nature Reviews Neuroscience* 4 (2003): 231–234.

13 以下视频中可以找到科顿、汤普森和警探的证词：www.youtube.com/watch?v=-2oDRfj0vME.

14 伊丽莎白·洛夫特斯描述了史蒂夫·提图斯（Steve Titus）的案例，另一名被错误地认定为强奸犯的男子。有趣的细节是，受害者说，在最初的队列中“这是最接近的”，在审判期间，她的证词变成了“我绝对肯定就是那个男人”。在随后的调查中发现了真正的罪犯后，提图斯被释放了。

15 令人惊讶的是，詹妮弗·汤普森和罗纳德·科顿的悲剧故事竟然有一个可喜的结局。他们成为了密切的合作者，主张改变目击者相关的做法和错误定罪的立法，甚至写了一本关于这个主题的书。

16 结果描述在：Thomas Landauer. “How much do people remember? Some estimates of the quantity of learned information in long-term memory. ” *Cognitive Science* 10 (1986): 477–493.

17 关于记忆容量的不同估计，参见综述：Yadin Dudai. “How big is human memory, or On being just useful enough. ” *Learning and Memory* 3(5) (1997): 341–365.

18 请参阅《博尔赫斯与记忆》的第12章，以获得对这一主题的更全面讨论。

19 为了得到这个数字，我简单地用这一章的字符数除以字数。类似的估计在互联网上很容易找到。

20 考虑到人均（或一个平均文本样本）使用的单词不超过20 000个（见Dudai, 1997），它（2^{15}是32 768）可以用15bps表示。如果我们假设每秒的阅读速度为3个单词，我们将得到15×3=45（bps）。

21 见Dudai（1997）的表3。

22 同样，正如我们在第3章中所描述的视觉艺术家的例子中所注意到的，在艺术——在这个例子中是魔术——和神经科学之间有一个非常有趣的交集。神经科学家有很多东西要向魔术师学习，在过去的2 000年里，他们已经掌握了与神经科学有很大关系的知识，如注意力、决策、记忆等。关于此主题的最近的论文，请参阅：Rodrigo Quian Quiroga. "Magic and cognitive neuroscience." *Current Biology* 26 (2016): R387–R407.

23 其他产生紧张感的方法包括使用节奏和音量。一种突然中断的单调的节奏在呼唤着它的恢复；一种加速、减速或逐渐变大的节奏呼唤着改变。这些技巧在缺乏古典旋律与和声结构的现代舞蹈音乐中得到了广泛的应用。

24 这是贝叶斯推理背后的基本思想，贝叶斯推理在神经科学中被广泛应用。

第5章

1 实际事件就说这么多。然而，正如任何一个好的传说一样，昆提利安和西塞罗各自都有着独特神话背景的有趣得多的故事。根据这个版本，宴会的主人是一位名叫斯高帕斯（Scopas）的贵族，他正在庆祝赢得了一场拳击比赛。西蒙尼德斯被雇来为斯高帕斯的荣誉朗诵一首诗，按照惯例，诗中包含传奇色彩。西蒙尼德斯在他的诗中提到了卡斯特（Castor）和波利克斯（Pollux）兄弟，也是特洛伊（Troy）的海伦（Helen）的兄弟，他们被认为是运动员和水手的保护神。后来，斯高帕斯恶意地决定只付给西蒙尼德斯同意过的一半的诗款，并且告诉他应该向卡斯特和波利克斯要另一半。根据传说，是卡斯特和波利克斯来给西蒙尼德斯支付佣金，并且在屋顶坍塌之前把他叫到了门口。

2 当我试着在第一次写下单词列表的几个小时后回忆它们时，我发现我记住了所有的单词，除了“灯”，毕竟，它在人行横道上不是那么显眼。为了增强我对这盏灯的记忆，我添加了一些细节，想象着每个经过的行人都会打开或关闭它。我把这些词和地点联系起来，大约过了10天，在这段时间里我什么也没想，结果除了第一个词，其余的词我都记住了。这次的问题出在我把面包放在了街角，这是我散步时首先会到的地方。然而，很显然，由于是第一个地方，我没有花时间形成一个面包在这个角落的具体形象。这强调了对于你希望记住的地方和单词，都需要使用生动和具体的图像。

3 20世纪70年代进行的一项研究进行了这样的比较：给两组被试者5组单词，每组20个，要求一组用位点记忆法记忆单词，另一组用其他方法记忆。差别是惊人的：第一组平均记住了72%的单词，而第二组平均只记住了28%的单词。相关详情，请参阅：Gordon H. Bower. "How to …uh…remember!" *Psychology Today* 7 (5) (1973): 63–70.

更早的一项研究表明，位点记忆法能让被试者在只看一眼40～50个单词的列表后，记住其中95%以上的单词。相关详情，请参阅：John Ross and Kerry Ann Lawrence. "Some observations of memory artifice." *Psychonomic Science* 13 (2) (1968): 107–108.

这些和其他关于位点记忆法的定量研究载于此书第16章：Alan Baddeley, Michael W. Eysenck, and Michael C. Anderson. *Memory*. New York: Psychology Press, 2009.

4 有各种各样的方法可以把数字和图像联系起来。多米尼克·奥布莱恩在几本书中描述了其中的一些方法，此书中也有：Joshua Foer. *Moonwalking with Einstein: The Art and Science of Remembering Everything*. New York: Penguin, 2012.

5 在公元105年，中国汉代宦官蔡伦发明了纸。然而，这一发明直到一千多年后才为西方所知。公元751年，在阿拉伯哈里发和中国在塔拉斯（Talas）的战争之后，造纸术才传播到了穆斯林世界。在这场战争中，阿拉伯人俘虏了中国俘虏，这些俘虏教他们造纸术以换取自由。但造纸术的秘密被中国人和阿拉伯人小心翼翼地保守着，直到12世纪西班牙人从阿拉伯人手中夺回伊比利亚半岛南部时，这一秘密才在欧洲为人所知。在纸发明之前，人们在纸莎草上书写（纸莎草要从埃及进口，因此非常昂贵），或者写在更贵的羊皮纸上（用动物皮制成）。在古代，特别是在古希腊，人们还使用蜡制的匾——一面涂有蜡的木板。在古代确实有几种书写技术，但它们繁重而昂贵，因此用途有限。所以，锻炼记忆力是有意义的。

6 和匿名的《修辞学》（*Ad Herenium*）一样，这些都是关于记忆和助记术的最重要的作品。

7 在西塞罗和昆提利安的论文中，以及老普林尼（Pliny）的《自然史》（*Naturalis Historia*）中，都可以找到关于这些人非凡的记忆力的资料。

8 Cicero, *De Oratore II*, LXXXVIII, 360.

9 历史学家弗朗西丝·耶茨（Frances Yates）将这种由希腊人创立的记忆术的消失，归咎于野蛮时代的种种困难。在野蛮时代，即便聚集在一起听别人说话，也是危险的。此外，关于助记术的主要参考文献已经丢失，中世纪的记忆研究主要是阿奎那（Aquinas）的记忆研究，都是基于不完整或错误解释的文本。昆提利安的《修辞教育》（*Institutio Oratoria*）尤其如此，它提供了关于位点记忆法最具体的描述，这种方法在希腊和罗马得到了演说家们的广泛使用。完整的文本直到1416年才被发现，现保存在瑞士的圣加尔修道院图书馆。在这些段落中，我认同弗朗西斯·耶茨提出的论点，其在1966年出版的《记忆的艺术》（*The Art of Memory*）（伦敦：Routledge）一书中，对从古代到文艺复兴时期记忆术的使用进行了引人入胜的历史性描述。

10 Peter of Ravenna, *Fornix*, ed. of Venice, 1491, 被引用于：Yates, *The Art of Memory*, 113.

11 耶茨的《记忆的艺术》131页中引用了维吉留斯·祖舍慕（Vigilius Zuychemus）写给鹿特丹（Rotterdam）的伊拉斯谟（Erasmus）的一封信的片段。维吉留斯是少数几个能接触到木质模型的人之一，这个模型从未完成，也从未向公众展示过。他写给伊拉斯谟的信是为数不多的剧院存在过的具体证据之一。

12 Giulio Camillo, *L'idea dela theatro*, Florence and Venice, 1550, 被引用于：Yates, *The Art of Memory*, 138.

13 罗伯托·贝拉米诺（Roberto Belarmino）是红衣主教，也是判处佐丹奴·布鲁诺火刑的法庭成员。由于伽利略支持哥白尼的日心说，多年后，他参与了著名的伽利略异端案的审判。

14 再一次，为了获得更多的细节，我参考了弗朗西斯·耶茨的书，在这里指的是第5章和最后一章。

15 卢利亚在他的书中对舍雷舍夫斯基进行了简短而有趣的描述：*The Mind of a Mnemonist: A Little Book about a Vast Memory*. Cambridge, MA: Harvard University Press, 1987.

16 富内斯和舍雷舍夫斯基之间惊人的相似之处在以下书的第3章中有所介绍：Rodrigo Quian Quiroga. *Borges and Memory*. Cambridge, MA: MIT Press, 2011.

17 正如我们在前一章所看到的，这个概念已经出现在亚里士多德和托马斯·阿奎那的思想中。

18 有关金姆·皮克和其他“记忆天才”的更多信息，请参见：Darrold Treffert. *Islands of Genius* (London: Jessica Kingsley, 2010)。特雷费特（Treffert）博士是一位研究记忆天才的专家，与皮克共事多年。

第6章

1 根据解剖学（如神经元密度）和神经生理学（如电极能记录神经元放电的有效区域）的考虑进行的估计得出结论：在给定的某一时刻，5%～10%的能记录到的活动的神经元是活跃的。有关详细信息，请参见：Gyorgy Buzsáki. “Large-scale recording of neuronal ensembles.” Nature Neuroscience 7 (5) (2004): 446–451.

2 从代谢的角度来说，神经元的激活是一个非常昂贵的过程。大脑约占人体质量的2%，却消耗人体20%的能量。

3 在寻找癫痫的一般治疗或治愈方法方面的困难部分源于这样一个事实，即癫痫是一个笼统的名称，历史上曾被赋予一系列具有不同临床表现和酝酿机制的病理状态。一个孩子失神发作几秒钟，与一个在街上扭动的成年人有很大的不同。一个面部抽搐的人与另一个意外地失去肌肉支撑并摔倒在地的人也不同。另一个困难是癫痫发作往往是突然的，这使得根据脑电图记录很难确定发作的时间和原因。事实上，从20世纪90年代开始，一些实验室就致力于癫痫发作的预测，但至今没有成功。请参见：Florian Mormann, Ralph Andrzejak, Christian Elger, and Klaus Lehnertz. “Seizure prediction: the long and winding road.” Brain 130 (2) (2007): 314–333.

4 参加记忆冠军赛的选手们试图记住最多数量的卡片、数字、单词、名字等。

5 相关报道来自：Alan Baddeley, Michael W. Eysenck, and Michael C. Ander- son. Memory. New York: Psychology Press, 2009, 363.

6 在挪威进行的一项调查显示，超过90%的受访者认为记忆的改善是有可能的，就像一个人可以通过锻炼变得更强壮一样。然而，这种理念是不正确的，因为通过锻炼一种特定类型的记忆而获得的能力不会迁移到其他类型的能力中。有关详细信息，请参见：Svein Magnussen et al. “What people believe about memory.” Memory 14 (2006): 595–613.

有关记忆能力不会迁移这一事实的更多详细信息，请参阅：A. Owen, A. Hampshire, J. Grahn, R. Stenton, S. Dajani, A. Burns, R. Howard, and C. Ballard. “Putting brain training to the test.” Nature 465 (2010): 775–778.

7 最近的一项研究比较了学生用不同的方法记住他们在聚会上遇到的人的名字的能力。令人惊讶的是，那些使用视觉技术（将每个名字与不同的事物联系起来）的人比那些根本不使用任何方法的人回忆起的名字要少。问题是，在实际情况中，例如在一个聚会上，存在的分心因素会阻碍方法的最佳实施。有关详细信息，请参见：P. Morris, C. Fritz, L. Jackson, E. Nichol, and E. Roberts. “Strategies for learning proper names: Expanding retrieval practice, meaning and imagery.” Applied Cognitive Psychology 19 (2005): 779–798.

8 在2012年出版的《与爱因斯坦月球漫步》（*Moonwalking with Einstein*）一书的最后几页，约书亚·福尔（Joshua Foer）提到，虽然记忆法的使用大大提高了他记忆信息的能力，但有一天晚上，当他和朋友吃完晚饭后乘坐地铁回家时，他才突然意识到自己是开车去的餐馆。

9 有加州大学伯克利分校的教授们参与进行的一项研究表明，鉴于他们丰富的智力活动，与其他人相比，这些教授由于衰老而导致的记忆缺陷和认知缺陷要小得多。相关详细信息，请参见：Arthur Shimamura, Jane Berry, Jennifer Mangels, Cheryl Rusting, and Paul

Jurica. “Memory and cognitive abilities in university professors.” Psychological Science 6 (1995): 271–277.

10 Rodrigo Quian Quiroga. Borges and Memory. Cambridge, MA: MIT Press, 2012.

11 这一估计是由加州大学戴维斯分校通信专家兼教授马丁·希尔伯特（Martin Hilbert）根据通过电子邮件、电视、手机、报纸、收音机等收到的信息做出的。更多相关详细信息，请参阅：Martin Hilbert and P. López. “The world’s technological capacity to store, communicate, and compute information.” Science 332 (6025) (2011): 60–65.

12 在《浅薄：互联网对我们大脑的影响》（*The Shallows: What the Internet Is Doing to Our Brains*）（W.W.Norton，2010）一书中，尼古拉斯·卡尔（Nicholas Carr）描述了在使用互联网多年之后，他发现几乎不可能集中精力阅读一本书。

13 在与《与爱因斯坦月球漫步》一书中，约书亚·福尔讲述了要找到世界上最聪明的人是多么的困难。事实上，谷歌搜索可以相对容易地找到年龄最大、个子最高或（根据一些竞争结果）最强壮的人。但我们如何定义谁最聪明呢？智商只是一个模糊的概念，事实上它测量智力的能力相当有限。福尔的探索有趣之处在于，它使他自然而然地去寻找有着惊人记忆力的人。为了有助于寻找，福尔开始磨炼自己的记忆力，结果出乎意料地在美国赢得了记忆冠军。他的畅销书是对这一系列事件的有趣叙述，特别是他对位点记忆法的学习以及他与专业记忆师们的互动。

14 除此之外，理查德·安徒生（Richard Andersen）还发现了大脑的两个区域（准确地说，位于后顶叶皮层），它们的功能分别是计划手臂和眼睛的运动。多年来，理查德一直在研究视觉信息是如何导致动作执行的，例如，从桌子上拿起一个杯子。请参见：Hans Scherberger, Rodrigo Quian Quiroga, and Richard Andersen. “Coding of movement intentions.” In: Rodrigo Quian Quiroga and Stefano Panzeri, eds. Principles of Neural Coding. Boca Raton, FL: CRC Press, 2013, 303–321.

至于只关注一两条广义信息的建议，理查德的妻子卡罗尔（Carol）不久后告诉我，是她在听到理查德排练演讲时向他推荐了这条规则。

15 在这个片段的第一部分，詹姆斯引用了：James Mill. Analysis of the Phenomena of the Human Mind. Vol. 1.

London: Baldwin & Cradock, 1829, 235.

16 当然，这也适用于成年人。我在给高中和大学一年级的学生教物理的时候亲眼见过。当被问到汽车必须以多大的恒定速度在两分钟内行驶500米时，很少有人会纠结。而当以不同的方式表述时，学生发现同样的问题更具挑战性。例如："我只有两分钟的时间从离家500米的超市接妹妹。如果一路上保持车速恒定，我应该开多快才能准时到？"事实上，学生必须学习的第一件也是最困难的事情之一，就是理解他们被问到的问题，然后制定解决问题的策略。同样，这也涉及识别和丢弃不相关的信息，关注值得关注的信息，那就是汽车在两分钟内必须行驶500米，而不管是否去超市、是否试用一套新的轮胎等。

第7章

1 例如，请参见：Alan Baddeley, Michael Eysenck, and Michael Anderson. Memory. New York: Psychology Press, 2009.

2 George Sperling. "The information available in brief visual presentation." Psychological Monographs 74 (11) (1960): 1–29.

3 在视觉系统中，感官记忆也被称为映像记忆（iconic memory）。它所对应的听觉记忆，称为声像记忆（echoic memory），与映像记忆类似但又不同，映像记忆只持续不到一秒的时间，但声像记忆可以持续三四秒。

4 Richard Atkinson and Richard Shiffrin. “Human memory: A proposed sys- tem and its control processes.” In K. W. Spence and J. T. Spence, eds. The Psychology of Learning and Motivation. Vol. 2. New York: Academic Press, 1968, 89–195.

5 有关更多细节，请参阅最初描述H.M.案例的原始文件：William Scoville and Brenda Milner. “Loss of recent memory after bilateral hippocampal lesion.” Journal of Neurology, Neurosurgery, and Psychiatry 20 (1957): 11–21.

有关最近的评论，请参见：Larry Ryan Squire. “The legacy of patient H.M. for neuroscience.” Neuron 61 (11) (2009): 6–9.

第8章

1 有关视觉信息如何沿腹侧视觉通路处理的全面描述，请参见：N. K. Logothetis and D. L. Shein- berg. “Visual object recognition.” Annual Review of Neuroscience 19 (1996): 577–621.

以及：K. Tanaka. “Inferotemporal cortex and object vision.” Annual Review of Neuroscience 19 (1996): 109–139.

2 除了克里斯托夫和伊扎克，这项工作还涉及加布里埃尔·克里曼（Gabriel Kreiman）、莱拉·雷迪（Leila Reddy）及后来的亚历山大·克拉斯科夫（Alexander Kraskov）。

3 当然，一条水平线或一张脸也是概念，所以根据我们所说的“概念”的意思，可以认为V1和IT中的神经元对概念也有反应。为了避免咬文嚼字，我希望当我说我们第一次发现一个神经元对一个概念放电时，我的意思是清楚的，我指的是一个特定的人的概念。

4 详情请见：Rodrigo Quian Quiroga, Leila Reddy, Gabriel Krei- man, Christof Koch, and Itzhak Fried. “Invariant visual representation by single neurons in the human brain.” Nature 435 (2005): 1102–1107.

5 有更多的神经元编码熟悉的概念这个事实在此得到证明：I. Viskontas, Rodrigo Quian Quiroga, and

Itzhak Fried. “Human medial temporal lobe neurons respond preferentially to personally relevant images.” Proceedings of the National Academy of Sciences 106 (2009): 21329–21334.

6 有关神经元对照片和人名（书面或口头）的反应的更多详细信息，请参见：Rodrigo Quian Quiroga, Alexander Kraskov, Christof Koch, and Itzhak Fried. “Explicit encoding of multimodal percepts by single neurons in the human brain.” Current Biology 19 (2009): 1308–1313.

7 图8.4中的神经元不仅对我的照片做出了反应，而且对我在加州大学洛杉矶分校进行实验的3位同事的照片也做出了反应；另一个神经元对比萨斜塔和埃菲尔铁塔都做出了反应。第二天进行测试时，詹妮弗·安妮斯顿神经元也对丽莎·库德罗（Lisa Kudrow）（情景喜剧《老友记》中的另一位女演员）做出了反应；一个神经元对杰瑞·宋飞得（Jerry Seinfeld）做出了反应，也对克莱默（Kramer）做出了反应（两人都是同一个情景喜剧中的角色），等等。

最近，我们的定量研究表明，这些神经元倾向于编码有意义的关联，并且它们可以修改它们的反应模式，及时编码新的关联。有关详细信息，请参见：Emanuela de Falco, Matias Ison, Itzhak Fried, and Rodrigo Quian Quiroga. “Long- term coding of personal and universal associations underlying the memory web in the human brain.” Nature Communications 7 (2016): 13408.

Matias Ison, Rodrigo Quian Quiroga, and Itzhak Fried. “Rapid encoding of new memories by individual neurons in the human brain.” Neuron 87 (2012): 220–230.

8 我于2012年出版的书《博尔赫斯与记忆》的中心主题是描述我们的记忆有多少及其意义。

9 在这个模型的表述中，我将撇开技术细节，也将避免描述与之相符的大量科学证据。有关详细信息，请参见：Rodrigo Quian Quiroga. “Concept cells: the building blocks of declarative memory functions.” Nature Reviews Neuroscience 13 (2012): 587–597.

10 和这个论点一致，颞叶内侧损伤的患者不仅记忆力减退，而且在想象新情况方面也有不足，因为他们只能想象没有关联背景的孤立事件。有关详细信息，请参见：D. Hassabis, D. Kumaran, S. Vann, and E. Maguire. “Patients with hippocampal amnesia cannot imagine new experiences.” Proceedings of the National Academy of Sciences 104 (2007): 1726–1731.

第9章

1 个人身份这个主题在哲学界得到了广泛的探讨。例如，见此书第6章：J. Hospers. An Introduction to Philosophical Analysis. London: Routledge, 1956.

2 Aristotle. On the Soul. Translated by J. A. Smith. Oxford: Clarendon Press, 1928, 412b.

3 Aristotle. On the Soul, 408b.

4 中世纪经院哲学对亚里士多德思想的否定，主要是由于12世纪穆斯林哲学家埃弗罗埃斯（Averroës）对亚里士多德思想的解释，他否定了个体灵魂的不朽性。根据埃弗罗埃斯的说法，在死亡的那一刻，灵魂失去了它的个性，成为宇宙灵魂的一部分，就像大海中的水滴。另外，托马斯·阿奎那接受了亚里士多德的区分，即主动智能（人类所独有的可以进行推理的能力）和被动智能（我们与动物共享的可以感觉的能力），并且指出在人和动物身上，被动智能在死亡后消失，而主动智能——个体的灵魂，确实是不朽的。

关于亚里士多德在这一问题上立场的不同解释，请参见：Anthony Kenny. A New History of Western Philosophy. Oxford: Clarendon Press, 2005, Chapters 4 and 7.

以及：Bertrand Russell. A History of Western Philosophy. London: Rout- ledge Classics, [1946] 2004, Chapter 19.

5 图灵提出了他著名的测试，请参阅：Alan Turing. “Computing machinery and intelligence.” Mind 59 (1950): 433–460.

6 有关中文屋论点的批判性讨论，请参阅塞尔的原始论文以及其他几位作者的后续评论：J. Searle. “Minds, brains, and programs.” Behavioral and Brain Sciences 3 (1980): 417–457.

7 有关妮基·克莱顿作品的流行讨论，请参见：V. Morell. “Nicky and the jays.” Science 315 (2007): 1074–1075. 有关更详细的技术讨论，请参见：U. Grodzinski and N. Clayton. “Problems faced by food-caching corvids and the evolution of cog- nitive solutions.” Philosophical Transactions of the Royal Society of London B 365 (2010): 977–987.

8 有关这些工作的总结，请参见：Larry Squire and Stuart Zola-Morgan. “The medial temporal lobe memory system.” Science 253 (1991): 1380–1386.

9 有关这些工作的概述，请参见：John O’ Keefe. “A review of the hippo- campal place cells.” Progress in

Neurobiology 13 (1979): 419–439.

和：Edvard Moser, Emilio Kropff, and May-Britt Moser. “Place cells, grid cells and the brain’s spatial representation system.” Annual Reviews of Neuroscience 31 (2008): 69–89.

还有：K. Nakazawa, T. McHugh, M. Wilson, and S. Tonegawa. “NMDA receptors, place cells and hippocampal spatial memory.” Nature Reviews Neuroscience 5 (2004): 361–372.

10 更多详情，请参见：Rodrigo Quian Quiroga. “Concept cells: the building blocks of declarative memory functions.” Nature Reviews Neuroscience 13 (2012): 587–597.

11 更多详情，请参见，例如：Gordon Gallup, Jr. “Chimpanzees: self- recognition.” Science 167 (1970): 86–87.

和：Gordon Gallup, Jr. “Self-recognition in primates: a comparative approach to the bidirectional properties of consciousness.” American Psy- chologist 32 (1977): 329–338.

以及：J. Plotnik, F. de Waal, and D. Reiss. “Self-recognition in an Asian elephant.” Proceedings of the National Academy of Sciences 103 (2006): 17053–17057.

12 Lev Vygotsky. Thought and Language. Cambridge, MA: MIT Press, 1986.

13 Daniel Dennett. Kinds of Minds. New York: Basic Books, 1997, 150–151.

14 科罗拉多州立大学教授、动物行为学家坦普尔·格兰丁（Temple Grandin）断言，动物能够看到我们的抽象和推理思维所忽略掉的细节。有趣的是，她患有自闭症，并且声称她与其他许多自闭症患者（和具有天赋者）分享的对细节的关注使得她能更好地理解动物的思维方式。在她2006年出版的《翻译中的动物：像牛一样思考的女人》（*Animals in Translation: The Woman Who Thinks Like a Cow*）(伦敦：Bloomsbury) 一书中，格兰丁实际上将动物和自闭症患者的思维过程进行了有趣的对比。

15 Alex Krizhevsky, Ilya Sutskever, and Geoffrey Hinton. “Imagenet classifica- tion with deep convolutional neural networks.” Advances in neural informa- tion processing systems 25 (2012): 1097–1105.

致 谢

几年前，我用西班牙文写了这本书，是为诺拉·巴尔（Nora Bar）主编的一套科学传播合集写的，其可以说是阿根廷最著名的科学记者。那时候，在我出版了《博尔赫斯与记忆》之后不久，我还在思考我想通过这本书达到什么目的，它应该以谁为目标读者。我认为我理想的读者应该是一名大二的学生，正在思考未来要做什么，有很多种职业和选择（当然，尽管我希望这本书能吸引所有的人，但在写作此书时，我脑中一直想着的是这么一位学生）。但我的目的并不是介绍基本的神经科学知识，相反，我试图激发读者的好奇心，展示当今神经科学研究的魅力。写一本书需要做很多工作，但我想，如果我能说服哪怕是一个人选择学习神经科学，我的目的就算达成了。（如果几年后你最终成为其中一员，请别忘了告诉我!）

当我还是一名高中生时，我不喜欢那些只告诉我是什么却没有解释为什么的书。我认为，它不应该想当然地认为我不能理解，至少应该给我一个机会。许多年以后，我通过艰苦的方式（写自己的书）认识到这是一个很难达到的平衡。要做到这一点，唯一的方法就是把事情大大简化。否则，这本书就会变得太技术化，只有少数专业人士才能读懂。但是，在简化信息的时候，非常容易犯错误——当试图将当前的神经科学思想与哲学中已经进行了几个世纪的讨论联系起来时，就更容易犯错误了。在这方面，我要感谢所有读过此书草稿的朋友、学生和同事，他们发现了一些错误或不准确之处。

乔治·路易斯·博尔赫斯曾说，他第一次读塞万提斯（Cervantes）的《堂吉诃德》（*Don Quixote*）是英文版的，后来又读了西班牙文的原版，用他文雅的讽刺口吻来说，英文版就像蹩脚的翻译。撇开差异不谈，我觉得这本书的英文版已经超越了西班牙文原版。首先，这两个版本之间已经过去了几年时间，这几年该领域的发展速度疯狂，就像人工智能领域在这几年中的进展一样，这给了我时间来完善一些我之前的主张——没有大的变化，但更新了一些内容，以及描述得更准确。最重要的是，我见证了我的西班牙文写作水平是如何在胡安·巴勃罗·费尔南德斯（Juan Pablo Fernández）的翻译中更上一层楼的，以及全书语言如何经亚历克莎·史蒂文森（Alexa Stevenson）的编辑后变得更自然、更流畅。在亚历克莎的编辑中，不仅有语法上的改变，而且书中信息呈现的方式也有实质性的修改。与最初的西班牙文版相比，我相信由于亚历克莎的工作和热情，现在的这本书将可能吸引更广泛的读者。

今天是国家法定假日，我到办公室来写下这些句子，并且完成了一些其他事情。我的妻子和孩子们想全家一起做点什么，但我申请了这几个小时，这样这本书才能最终付印。他们表示理解，一直以来都是这样的。没有他们的爱和支持，这本书就不可能出版。最后，没有我的父母——雨果（Hugo）和玛丽莎（Marisa）的支持，我就不可能实现成为一名科学家的梦想，也不可能把我的时间花在我喜欢做的事情上。